"十四五"国家重点出版物出版规划项目
国防科普大家小书

导弹武器

不露声色的绝对威慑

包为民 等 著

科学出版社
北京

内 容 简 介

导弹武器是维护国家安全的重要基石，也是战争的终极武器。为此，世界军事强国围绕战略核导弹展开过激烈的竞争。导弹技术的发展是一个漫长且复杂的过程，与反导系统之间的对抗更促使导弹武器技术不断更新。因此，导弹武器技术的发展是有因可循的。本书力图较全面地展现导弹武器的发展脉络，尽可能用非专业词汇来描述导弹武器的专业技术，希望有助于读者了解导弹武器的发展历史，提高国防意识，学习科学知识。

本书适合大众阅读，特别适合广大青少年、部队官兵及航天爱好者阅读和参考。

图书在版编目（CIP）数据

导弹武器：不露声色的绝对威慑 / 包为民等著. -- 北京：科学出版社，2025.6. --（国防科普大家小书）. -- ISBN 978-7-03-082109-6

Ⅰ. E927-49

中国国家版本馆CIP数据核字第2025LR1539号

丛书策划：张　凡　侯俊琳
责任编辑：朱萍萍　贾雪玲 / 责任校对：韩　杨
责任印制：师艳茹 / 封面设计：有道文化

科学出版社 出版
北京东黄城根北街 16 号
邮政编码：100717
http://www.sciencep.com
北京中科印刷有限公司印刷
科学出版社发行　各地新华书店经销

＊

2025 年 6 月第 一 版　开本：720×1000　1/16
2025 年 6 月第一次印刷　印张：8 3/4
字数：105 000

定价：**58.00元**

（如有印装质量问题，我社负责调换）

序言

　　如果说有些武器可以改变战争的形态，那么导弹就是这样的武器。在战略核导弹出现后，鉴于它强大的威慑力，人们不得不考虑使用这种武器的后果，战争形态发生了改变。导弹首现于第二次世界大战时期，当时它的表现还算不上出色，也不够强大。但是，这种横空出世的新型武器却给人们带来了强大的震撼力与恐惧感。武器革命性的改变必然具有强大的生命力，导弹随后的发展精彩纷呈，形成了导弹武器体系。至今，导弹武器体系已经成为极具威慑力的武器系统之一。

　　导弹武器体系是一个复杂的系统，导弹技术的发展千回百转、起起伏伏，不断地走向成熟。一方面，导弹技术在发展，世界军事强国之间曾经展开过激烈的追逐与竞争，这促进导弹技术不断发展；另一方面，导弹防御系统出现后，导弹武器与反导系统之间的对抗逐步攀升，攻与防之间你追我赶、互不相让，使得导弹武器面临新的威胁，需要开创新的技术路径，再次进行技术变革。希望读者通过认识导弹技术的发展脉络，了解导弹武器体系的发展历程，能够从导弹武器的发展历程中获得一些启发，引发一些有益的思考。

导弹的发展历程中曾出现过许多设计大师，这些大师的设计思想和设计理念使得导弹不断更新换代，直至形成了一个庞大繁杂的武器体系。我国导弹技术的发展充满了艰辛，特别是第一代从事导弹武器研制的工作者曾经付出过艰苦卓绝的努力，为我国导弹在世界上占有一席之地奠定了坚实的基础。希望读者能够从书中受到启迪，有所收获。

中国工程院院士

国际宇航科学院院士　王礼恒

2025 年 2 月

前 言

　　在浩瀚的军事科技领域中，导弹武器居于举足轻重的地位。作为现代战争的尖兵，导弹以其远程打击、精确制导、高效毁伤等独特优势，深刻改变了战争的面貌与战略格局。为了给军事爱好者、学者及从业者提供一个全面、深入、富有前瞻性的学习与探索平台，我们编写了这本书。

　　作为"国防科普大家小书"丛书的分册之一，本书富有科普性与趣味性，从第二次世界大战、冷战、信息化时代的导弹武器和未来发展趋势等方面，研究了导弹武器的研制背景、技术路线、装备路线、作战形式、制衡关系、影响分析、发展趋势，用通俗易懂的语言讲述了导弹武器的过去、当下和未来。

　　本书共分为六章。第一章介绍了从德国 V-2 导弹开始的导弹武器的起源，第二章介绍了冷战时期美苏两国的导弹武器发展情况，第三章介绍了以"伊斯坎德尔"等为代表的精确打击地地弹道导弹，第四章介绍了反导的由来，第五章介绍了我国导弹武器的发展史，第六章介绍了未来导弹武器的一些发展方向。

本书的编写得到了许多技术人员的无私帮助，在此表示由衷的感谢。参与本书编写工作的人员还有中国运载火箭研究院的鄢宁、马晓媛、陈靖秋、夏薇、肖国华、宋巍、李旗挺、陈海鹏、韩永亮、王肖、王晓宇、蔡方捷、王友利、陈祎璠、俞启东、彭健，中国航天系统科学与工程研究院的江绍东、孙硕；参与本书插图绘制工作的人员是上海航天技术研究院的毕雪桐、顾顺妮。同时，也感谢科学出版社的同志们为本书出版付出的辛勤劳动。

本书历经三年磨砺终于付梓出版，但还是难免有不妥之处，敬请广大读者批评指正。

中国科学院院士
国际宇航科学院院士

2025 年 2 月

目录

第一章
利剑出鞘

火箭的潜力是无限的，只要我们敢于探索。
——罗伯特·戈达德

　　1944 年 9 月 8 日傍晚时分，一道刺眼寒光划破了伦敦的天空，泰晤士河畔的发电站突然被不明飞行物击中产生爆炸，发出了巨大声响。这种恐怖的武器像雨点一样落在英国伦敦和比利时安特卫普的盟军控制的港口。一时间，伦敦陷入了极大的恐慌之中。面对这种武器，任何人，哪怕是英国首相丘吉尔，也只能靠运气免于一死。直到 11 月 8 日，德国才公开宣布研制出了新型武器——V-2 导弹。它就是袭击英国伦敦的新式武器。那么，这个 V-2 导弹是怎么冒出来的呢？

一、漫长的研制历程

　　实际上，德国政府早在 20 世纪 30 年代就开始火箭的研制工作。那么，德国为什么要研制火箭呢？这就要从《凡尔赛和约》（Treaty of Versailles）说起了。德国是第一次世界大战的战败国，以英法为首的战胜国对德国进行了极为严厉的制裁，迫使德国签订了《凡尔赛和约》。《凡尔赛和约》的内容非常多，在武器制造方面则限制德国制造坦克、重炮等重型武器。所以，德国只能另辟蹊径。

　　德国研制的第一枚火箭的代号为 A-1（图 1-1）。这枚火箭长 1.4 米，直径为 0.3 米，重量为 150 千克。从外形上看，这枚火箭的高度与一个半大孩子相当，而且比较瘦小。它与我们看到的现代火箭高大雄伟的身材完全不同，但是却包含了构成火箭的三大系统——结构系统、动力系统、控制系统。后来的火箭全部是在不断对三大系统进行改进、完善的基础上发展而来的。

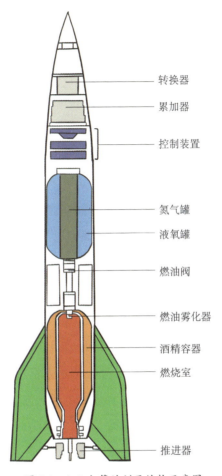

转换器

累加器

控制装置

氮气罐

液氧罐

燃油阀

燃油雾化器

酒精容器

燃烧室

推进器

图 1-1 A-1 火箭的剖面结构示意图

　　下面我们来看一下 A-1 火箭的三大系统。A-1 火箭具有完整的火箭结构，动力系统为 300 千克推力的液体发动机，推进剂为液氧和浓度为 75% 的酒精，控制系统由陀螺仪表组成。严格来说，A-1 还不能被称为火箭，只能被称为火箭的雏形。但是，火箭的三大系统，A-1 火箭基本都有了。1933 年春天，德国在柏林西南 40 千米处的库曼斯多夫的"西部试验站"进行了第一次 A-1 火箭的发射，但是并没有成功。

A-1 火箭的发射失败并没有影响德国研制火箭的进程。针对 A-1 火箭的缺陷，德国随后开展了 A-2 火箭的研制。A-2 火箭是对 A-1 火箭的改进。具体来说，A-2 火箭的动力系统有了重大改进，增加了"挤压循环"的设计。为什么要用"挤压循环"呢？我们知道，火箭是靠发动机在燃烧室对推进剂进行燃烧，而后从喷管射出的高温高压燃气产生推力。但是，燃烧室里的推进剂是有限的，如果想要产生持续的动力，就需要源源不断地向燃烧室注入推进剂。推进剂是放在贮箱中的，而燃烧室的压力很高，会阻碍推进剂注入；如果注入推进剂，推进剂贮箱的压力就得高于燃烧室的压力。"挤压循环"的设计就是在火箭上安装一个加压的氮气瓶，在火箭发动机工作的过程中向推进剂贮箱注入氮气，挤压贮箱里面的液氧和酒精从而形成增压，以此克服燃烧室产生的反作用压力，将推进剂持续注入燃烧室。1934 年 12 月 19～20 日，A-2 火箭在德荷边界的博尔库姆岛发射成功，火箭以 3.5 千米的射程落入北海。

在 A-2 火箭的基础上，德国又开展了更大的 A-3 火箭的研制。它的起飞重量为 800 千克，发动机推力提高到 1.5 吨。A-3 火箭可以携带更多的推进剂，发动机的工作时间为 45 秒，射程能够达到 18 千米。A-3 火箭的总体布局有了重大改进，主要是火箭内部结构的改进，将用来给推进剂贮箱增压的氮气瓶埋入液氧贮箱中，也就是液氧贮箱将氮气瓶包裹在里面。这是由于液氮的沸点低于液氧的沸点，因此被液氧包裹的氮气瓶可以保持处在很低的温度中，其中的氮气仍然保持气态。这种设计的优点是可以用较小的氮气瓶容纳更多的氮气，从而使发动机能够在更长的时间获得推进剂。发动机工作的时间增长，射程自然随之增大。

但是，A-3 火箭的表现并不理想，因此德国在 A-3 火箭的基础上又重新设计了 A-5 火箭。A-5 火箭的发动机与 A-3 火箭的发动机相同，但是 A-5 火箭采用了新的控制系统。在 A-5 火箭的基础上，德国又重新设计了火箭发动机，装有新型火箭发动机的这款火箭的代号为 A-4。下文将重点介绍 A-4 火箭，因为它还有另外一个名字——V-2 导弹。

二、十大经典之一：V-2 导弹

导弹通常由弹头、弹体结构、动力系统、控制系统和初始对准系统组成，是进攻性导弹武器的一种。它借助固体推进剂或者液体推进剂点燃产生的反推力推进飞抵目标。除了有动力飞行并进行制导的飞行主动阶段外，其他阶段的运动全部沿着只受地球引力和空气动力作用的近似椭圆的弹道飞行。

V-2 导弹（图 1-2）是单级液体导弹，全长为 14 米，弹径为 1.65 米，翼展为 3.57 米，结构质量约为 4 吨，起飞质量为 13 吨，推力为 27 吨力，最大飞行速度为 1700 米 / 秒，射程为 320 千米，弹道高度在 80～100 千米[1]。V-2 导弹采用垂直发射方式，发射准备时间为 4～6 小时，命中精度（圆概率偏差①）为 4～8 千米，全弹由弹头、控制设备舱、燃料舱和尾段四个部分组成。

我们来看 V-2 导弹的三大系统。

（1）结构系统。V-2 导弹的结构为板杆结构，外壳用薄钢板覆盖，具体由四个部分组成：在导弹上部尖端，安装战斗部和撞击引

---

① 圆概率偏差：落入 R 为半径圆的概率为 50%。

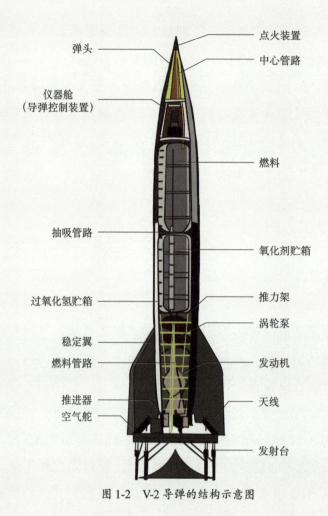

点火装置

中心管路

弹头

仪器舱
(导弹控制装置)

燃料

抽吸管路

氧化剂贮箱

过氧化氢贮箱

推力架

涡轮泵

稳定翼

燃料管路

发动机

推进器

天线

空气舵

发射台

图 1-2　V-2 导弹的结构示意图

信；在尖端下面的仪表舱，安装电池和陀螺仪等制导装置；在导弹中部，安装酒精和液氧的储罐；在导弹尾部，安装推进结构，包含氮气压力瓶、蒸汽发生器、燃气涡轮泵、燃烧室、推力喷嘴、燃气舵、空气舵及尾翼。V-2 导弹的战斗部装有约 738 千克的阿马托炸药混合物，导弹上的尾翼和空气舵主要起到稳定导弹与控制飞行的作用，所有的舵面都由伺服马达驱动。

（2）控制系统。V-2 导弹使用了当时极为先进的惯性制导系统，两台陀螺仪可以自主保持预先设定的弹道。为了提高精度，V-2 导弹还增加了一台模拟式电子计算机。该计算机能够根据获取到的陀螺仪横向和纵向误差操作燃气舵和空气舵，进而修正飞行弹道。此外，V-2 导弹在发射同时启动定时装置，确保在发动机工作 3 秒后开始转弯，使火箭从竖直飞行状态过渡到预设的倾斜弹道，角度设定的大小与飞行距离相关。

（3）动力系统。V-2 导弹为液体火箭，采用 75% 的酒精和液氧作为推进剂，通过一个 500 马力 [①] 的蒸汽涡轮产生的蒸汽将推进剂注入燃烧室。所需的蒸汽在蒸汽发生器内由过氧化氢和高锰酸钾混合产生，过氧化氢则来自导弹上 200 帕压力的氮气储罐，氮气储罐也用来驱动多个阀门的操纵。

可以看出，V-2 导弹的复杂度远远高于 A-1 火箭。如果说 A-1 火箭只能算是火箭的雏形，那么 V-2 导弹可以被称为真正意义上的火箭了，沃纳·冯·布劳恩（Wernher von Braun）也成为"现代火箭之父"。

1942 年 10 月 3 日，A-4 火箭在德国佩内明德发射成功。在试验中，A-4 火箭飞行了 190 千米，在距离预定目标 4 千米处成功爆炸。此后，该型导弹在 1943 年开始装备部队，并在 1944 年 9 月正式被命名为"复仇武器-2"，简称 V-2 导弹。

V-2 导弹从发射地飞抵英国本土只需要 5 分钟。由于飞行速度快、时间短，英国当时几乎没有任何防卫手段，飞机、火炮都无法拦截它。德国共发射了 4300 多枚 V-2 导弹 [2]，其中 1000 多枚落在

---

① 1 马力 =0.735 kW。

英国本土，造成了数千人丧生。

十大经典人物之一：沃纳·冯·布劳恩

德裔美籍火箭专家冯·布劳恩被誉为人类航天事业的先驱、导弹之父。他于 1912 年 3 月出生，1977 年 6 月去世。从幼年起，他就向往遥远的星空宇宙，11 岁时用 6 支大号烟花和 1 辆滑板车制造了 1 辆"火箭飞车"，1930 年追随著有《通往星际之路》的赫尔曼·奥伯特（Hermann Oberth）博士进入德国星际航行协会，1934 年获柏林大学物理学博士学位。在第二次世界大战期间，作为德国著名的火箭专家，冯·布劳恩主持设计了世界上第一枚导弹——V-2 导弹。1945 年德国投降后，冯·布劳恩到美国陆军装备设计研究局工作，1950 年转到红石兵工厂研制弹道导弹，1956 年任陆军导弹局发展处处长，先后领导成功研制了"红石""丘比特""潘兴"导弹及"朱诺一号"火箭。1958 年，他设计的"朱诺一号"火箭成功发射美国第一颗人造地球卫星"探险者 1 号"。1960～1970 年，冯·布劳恩任马歇尔航天中心主任，在 1961 年任肯尼迪总统的空间事务科学顾问，分管"阿波罗载人登月"工程，并领导"土星五号"运载火箭的研制工作。1969 年，冯·布劳恩领导研制的"土星五号"运载火箭将第一艘载人飞船"阿波罗 11 号"送上了月球。1970 年，他担任美国国家航空航天局主管计划的副局长，1972 年辞去副局长的职务。冯·布劳恩业余爱好写作，他本人或与他人合作撰写的著作有《火星计划》《高层大气物理学和医学》《越过空间前沿》《征服月球》等。

三、技术的瓜分

1944 年底，盟军已经推进到了莱茵河附近。冯·布劳恩知道德国即将战败，便开始筹划自己的未来。他把重达 14 吨的 V-2 导弹技术材料藏在一个地下铁矿，然后派他的弟弟寻找美军，向美军投降。在冯·布劳恩看来，美国是工业强国，经济力量雄厚，如果能够投降美国，他可以继续自己的火箭与太空梦。冯·布劳恩的弟弟顺利地找到了美军，而美军也迫切期待得到这位 V-2 导弹的总设计师。

实际上，美苏当时都在极力争夺 V-2 导弹的技术人员和设备，美国获得了较为完整的技术资料和大量的制造设备，而苏军于 1945 年 6 月才抵达这一地区，大大晚于美军[2]。但苏军也有所收获，拿到了火箭的燃料、氧化剂、飞行控制系统等相关的资料和设备，并获得了一批技术人员。

1945 年秋天，冯·布劳恩终于启航前往美国。客观来说，从单纯的军事作用来看，冯·布劳恩所研制的 V-2 导弹起到的作用远远小于当时的飞机、火炮，它的影响更多的是造成人们精神上的恐慌。冯·布劳恩这一去也许连他自己也没有想到，他所研制的 V-2 导弹将会发展成为一个庞大的家族，成为未来战争的终极武器。

第二章

冷战博弈

手里没剑和有剑不用，那是两码事。

——钱学森

一、探索之路

（一）十大经典之二：美国的第一型导弹——"红石"

以冯·布劳恩为核心的德国专家团队到达美国后，开始为美国研制新型弹道导弹。美国陆军推出了新型弹道导弹研发计划，因研发地设在红石兵工厂，导弹获名"红石"，由冯·布劳恩出任首席科学家。

"红石"导弹（图 2-1）继承了 V-2 导弹的部分技术，如发动机仍然采用了 V-2 导弹的涡轮泵基本设计及燃气发生器循环系统。但是，冯·布劳恩在"红石"导弹上进行了三项重大改进，其中的两项改进堪称革命性，对导弹武器的发展产生了深远的影响。

1. 对结构系统进行了重大改进

冯·布劳恩设计出可分离式弹头。我们知道，V-2 导弹是全程整弹飞行，而"红石"导弹在飞行过程中，弹头与弹体会分开。如果采用专业术语描述，就叫作头体分离。不要小看这个改变，现在的导弹普遍采用头体分离技术。那么，头体分离有什么好处呢？在这里，我们先留一点悬念，将会在后面讲述。

2. 对制导系统进行了改进

V-2 导弹采用的是惯性器件（加速度计、机械式陀螺仪）和无线电辅助的制导方式。由于加速度计和机械式陀螺仪难以保证精度，因此 V-2 导弹不得不加装了无线电纠偏控制系统。当弹道导弹的射程超过 300 千米时，处在发射场的无线电系统难以满足远距离工作的需求。因此，冯·布劳恩开发出空气轴承陀螺，它使导弹仅仅利用自身的惯性器件就能够满足制导的需求，而且精度和可靠性都大

图 2-1 "红石"导弹发射示意图

幅度地提高了。自此之后，导弹型号几乎都采用的是惯性器件。所以，冯·布劳恩的这两项堪称革命性的改进对导弹武器的发展产生了重大的影响。

3. 改进导弹内部设计

在 V-2 导弹发射前，地面保障人员需要借助云梯到高处对其进行调试。然而"红石"导弹用内置的线缆将位于导弹头部的弹头载荷部分和制导控制设备舱中的供电与信号线路引到导弹尾部，并接到地面设备，使导弹维护保障无须借助云梯，极大地方便了导弹发射前的准备和调试工作。1953 年 8 月 20 日，"红石"导弹首次进行了发射试验。飞行 1 分 20 秒后，发动机出现故障，导弹坠入大海。此后一年，该导弹又开展了两次试验。在第三次试验中，导弹发射仅 1 秒便熄火回落，引发了爆炸。多次试验的不顺利，促使"红石"导弹在发动机、可靠性和制造工艺等方面不断改进，直到 1955 年美国陆军宣布"红石"导弹具备作战能力。"红石"导弹采用液体火箭发动机、液氧 / 酒精推进剂、惯性制导，射程为 320 千米，圆概率偏差为 300 米，发射准备时间至少需要数个小时。"红石"导弹于 1958 ～ 1964 年在美国陆军服役，曾部署于联邦德国美军基地，是美国第一种实用型陆基近程弹道导弹。1958 年 2 月 1 日，在"红石"导弹的基础上改进而成的"朱诺一号"运载火箭，继苏联之后，也将美国的人造地球卫星送上了太空。"红石"导弹退役后大多被改装成运载火箭，开展多次航天发射，在美国航天的发展历程中功不可没。

（二）苏联的第一型导弹——Р-1 导弹

苏联的第一枚导弹被命名为 Р-1（图 2-2），实际上是对 V-2 导

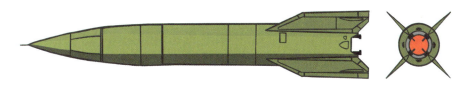

图 2-2　苏联 P-1 导弹的构型示意图

弹进行的仿制。早在第二次世界大战结束前，苏联就在德国境内成立了拉贝研究所，并派出谢尔盖·帕夫洛维奇·科罗廖夫、维克多·米亥益洛维奇·格鲁什科夫等国内各领域的精兵强将前往德国，大力搜集导弹的零部件与图纸，随后依靠测绘技术等开始进行 V-2 导弹的复原与仿制。截至 1946 年 10 月苏联人在德国结束工作时，从事导弹仿制的苏联人及德国人超过 6500 名。科罗廖夫亲自参与图纸缺失部分的设计工作，与格鲁什科夫等苏联发动机专家，在德国专家的指导下，独立组装了 12 个发动机。苏联的第一枚导弹虽然是仿制的，但是并没有完全照搬 V-2 导弹，而是探索自己的技术路线。比如，在组装发动机的过程中，V-2 导弹是将发动机组件和涡轮泵组件分开测试后进行组装，而 P-1 导弹改进为将涡轮泵和发动机先组装成一个整体，然后整体测试，从而提高了可靠性。

　　P-1 导弹的发动机在不同状态下进行了 40 多次地面试车，将发动机的推力从原来的 25 吨增至 35 吨。苏联通过自产和组装，共制造了几十枚完整的导弹，其中一半为自产，另一半为组装。1947 年 10 月，苏联进行了 P-1 导弹试验，共试射了 11 枚。前 3 枚偏差较大，之后通过改进滤波电容减少了偏差，后几枚导弹的射程达到了 270 千米，平均偏差仅有 5 千米。苏联在两年内达到了德国 V-2 导弹的研制水平。截至 1948 年，P-1 导弹实现了国产化，精度大幅提高，1950 年开始装备部队。

科罗廖夫等一批前往德国的苏联专家不仅在仿制 V-2 导弹的过程中起到了巨大作用，更是充分积累了导弹设计和研制经验。这些专家回国后成为各大研究所和设计局的技术负责人。科罗廖夫担任第 88 研究所总设计师，在 P-1 导弹之后，迅速组织团队研制并改进了射程达 600 千米的 P-2 导弹。这一改进涉及弹体结构、舱内布局、动力及制导系统等多个方面，其中最大的改进是与美国"红石"导弹一样实现了头体分离。1949 年 9 月，P-2 导弹成功进行了首次飞行试验，并于 1951 年 11 月服役。苏联共生产了 1545 枚 P-1 导弹和 P-2 导弹。后来，我国引进了 P-2 导弹，并仿制成 1059 型弹道导弹。它成为我国首型弹道导弹。

十大经典人物之二：谢尔盖·帕夫洛维奇·科罗廖夫

苏联航天与导弹先驱科罗廖夫是苏联航天事业伟大的设计者与组织者、第一枚射程达到 8000 千米的洲际弹道导弹的设计者、第一颗人造地球卫星运载火箭的设计者、第一艘载人飞船的总工程师。

科罗廖夫于 1907 年 1 月 12 日出生在乌克兰日托米尔，童年时期便对飞行有浓厚兴趣。当时恰逢人类航空事业起步和第一次世界大战爆发，他的内心播下了追求航空的种子。有一回，母亲带他去看航空特技表演。回来后，他就迫不及待地向母亲索要两张床单，想做成翅膀进行飞行。科罗廖夫在中学就读时加入了克里米亚地区的一个滑翔机俱乐部，亲自设计并制造了一架名为"科列捷别利"的滑翔机，并试飞成功。1924 年，科罗廖夫进入基辅工学院航空动力系学习，1926 年进入著名的莫斯科鲍曼高等技术学校，并成为飞机设计大师图波列夫的学生。1930 年初，科罗廖夫认识了火箭理论家康斯坦丁·齐奥尔科夫斯基。齐奥尔科夫斯基是他与航天事业紧密联系的首个引路人。因才华卓越且受到当时"反作用运动研究小组"创始人弗里德里希·阿尔图洛维奇·灿德尔的赏识，科罗廖夫将研究重点转向大型火箭。在几年的时间里，他同时成为火箭和喷气动力等领域的核心研究人员，相继出版了《火箭发动机》和《火箭飞行》等著作。后来，科罗廖夫受到迫害，从1937年开始被关押近6年。后经申请，他进入监狱工厂研究火箭，因冒死试验获得关键资料而被提前释放。

1946年8月，他被任命为总设计师，负责苏联第一枚导弹的研制，并成功仿制出苏联首型弹道导弹P-1。此后，他又主导了苏联洲际导弹和运载火箭等计划。1957年8月3日，苏联首枚P-7洲际弹道导弹试飞成功。当年10月4日，苏联抢在美国之前，通过运载火箭成功发射了人类第一颗人造地球卫星。1961年，苏联又成功发射东方一号飞船，将人类首位宇航员加加林送入太空，这些为苏联航天技术发展奠定了坚实基础，也标志着人类进入航天时代。

1965年底，由于长年不知疲倦地辛苦工作和牢狱之灾的折磨，科罗廖夫不幸病倒。1966年1月，科罗廖夫未能撑过癌症手术，在开刀过程中去世。他的身份长期被官方保密，直到去世后苏联为他举行了国葬，他的事迹才为人们所知。后来，小行星1855及月球和火星各有一个撞击坑以他的名字命名。

十大启示之一：从引进、仿制到创新，往往是相对落后的国家发展武器装备的一条可靠道路，但唯有创新才能走到前列

牛顿曾说："如果我比别人看得更远，那是因为我站在巨人的肩膀上。"从美苏导弹的发展历程来看，即使在今天看来它们是全世界导弹武器数一数二的强国，当初它们也都是站在德国的肩膀上取得快速进步的。在认识到自身技术相对落后的情况下，美苏都积极"引进"德国的先进技术，尤其是 V-2 导弹的液体火箭发动机技术、基本的气动布局及垂直发射技术，通过消化和吸收使自身的导弹技术得到大幅度提升。后来的中国、印度、以色列、巴基斯坦、朝鲜、伊朗、韩国等，导弹技术的发展无不是走的这条道路。但是，仿制也不能是照搬，从美苏各自的导弹武器早期型号发展来看，"红石"导弹和 P-1 导弹都是在基本吃透 V-2 导弹技术的基础上进行了大胆创新。例如，"红石"导弹实现了头体分离和高精度惯性器件的开发应用，P-1 导弹实现了总装测试。这些创新使得两国的弹道导弹技术站在新的起点上，美苏也因此开辟了影响世界弹道导弹发展的两大主要分支。因此可以说，引进和仿制能够迅速解决有无问题，但要成为世界导弹技术的强国、拥有世界最先进的弹道导弹武器，唯有创新才可以实现。

二、新的使命

（一）两弹合璧，独步天下

同导弹一样，原子弹也是第二次世界大战中的重要发明。1945 年 7 月 16 日，美国成功试验了世界上首枚原子弹。1945 年 8 月，美国先后通过战略轰炸机向日本的广岛和长崎投放原子弹，曾经繁荣一时的城市顿时化为废墟，十几万人死亡。原子弹自此成为世界上最具杀伤力的威慑性武器。第二次世界大战结束后的一段时间里，导弹与原子弹平行发展。导弹使用常规弹头，原子弹用战略轰炸机投掷。人们最初并未将两者组合起来形成核导弹武器，其原因是当时的导弹载荷能力有限，打击精度较差。虽然美国是首个有核武器的国家，但其世界领先的战略轰炸机为空军带来了可观的经费。这在一定程度上导致美国在核运载方式上不愿做出改变。

虽然导弹与原子弹最初的结合面临重重阻碍，但随着技术的发展，导弹的投掷能力和投送精度大幅提升，其在核运载方面的优势逐渐显现。与战略轰炸机相比，导弹至少有三大优势：一是射程远，导弹进行远距离飞行不需要像战略轰炸机那样进行至少一次空中加油；二是速度快，导弹可以在短时间内完成投掷，而战略轰炸机则要飞行十几个小时；三是没有拦截对象，相比之下，战略轰炸机有可能遭遇敌方防空火力及战斗机拦截。原子弹与导弹的特性决定了它们从诞生开始就注定要结合。随着弹道导弹技术的发展及美苏核战略的催化，20 世纪 60 年代开始，导弹逐渐成为重要的核运载工具。导弹与原子弹相见恨晚、一拍即合、如鱼得水，两弹结合成为核武器发展史上的里程碑事件，导弹从此成为最主要的核运载工具，时至今日，难以替代！

（二）冷战与战争形态的改变——变革战争，改变世界

第二次世界大战结束后，美国和苏联同盟的政治关系迅速解体，以美国、苏联为代表的资本主义和社会主义两大阵营开始形成，国际战略格局急剧变化。1946 年 3 月，英国首相丘吉尔发表了"铁幕演说"，该演说拉开了冷战序幕。1947 年 3 月，美国"杜鲁门主义"出台。它宣称世界已经分成两个敌对营垒，一边是"极权政体"，另一边是"自由国家"，世界正面临两种生活方式、两种社会制度之争。"杜鲁门主义"的出台标志着冷战开始。1955 年 5 月，欧洲社

会主义国家签署了《华沙条约》，华沙条约组织（简称华约）的成立标志着两极格局的形成。

两极争夺的核心是军事力量，双方不约而同地把导弹与原子弹的结合放在了首位。实际上，在美苏成功研制出导弹后，两国都把目标放在了核武器上，美国的"红石"导弹首先装载的就是 W39 核弹头，与"红石"导弹同时期的中短程导弹"下士""中士"都能够携带核弹头。"下士"导弹可以装载 W7 核弹头，"中士"导弹可以装载 W52 热核弹头。

苏联的导弹同样搭载了核武器，北大西洋公约组织（简称北约）与华约形成了核导弹对峙，其中最典型的事件就是古巴导弹危机。1962 年，苏联试图在古巴部署中程导弹，为此美国的反应异常强烈。这是一次可能爆发核战的危险事件，美国甚至命令导弹部队处于战备状态。美国的反应为什么如此之大呢？因为古巴位于美国的后院，也就是背后，是导弹防御系统的盲区。关于导弹防御系统，我们后面会有专门的介绍。总之，核导弹导致战争形态发生了改变，冷战双方围绕谋求核优势展开了激烈的角逐。

十大启示之二：导弹改变世界战争的作战样式和战法，甚至左右了世界战略格局的演变

恩格斯指出："一旦技术上的进步可以用于军事目的并且已经用于军事目的的，它们便立刻几乎强制地，而且往往是违反指挥官的意志而引起作战方式上的改变甚至变革。"[3] 导弹的鼻祖——V-2 导弹诞生的一个主要因素就是德国战机跨海打击英国不力，远程火炮又够不到英国本土。导弹是火炮的延伸，在近代力学、高能燃料、自动控制、精密仪表和机械等技术发展到一定水平时，导弹应运而生。在V-2导弹之后，"飞毛腿"导弹是战场运用最多的导弹武器装备。从其多次实战案例来看，导弹技术强力地改变了战争的作战样式和战法，进一步拉开了作战双方的距离。

导弹由于射程远、威力大，能够攻击敌人纵深区域内的重要战略性军事目标，空军力量薄弱而又面对敌方严密防空体系的国家可用导弹代替飞机执行战术攻击任务。例如，在1982年的第五次中东战争中，叙利亚、以色列空军出动飞机的战损率高达30%；相比之下，机动发射导弹的生存能力就强得多，而且效费比也高。另外，导弹具有速度上的优势，不仅难以被发现，也不易被拦截，因此往往可以取得意想不到的战果，给敌方造成巨大的战场压力。导弹在战场上的运用迫使对方不得不远置指挥中心和重要的战略物资，不得不更依赖信息技术指挥作战，也不得不更依赖远程平台和机动平台投入战场。同时，导弹在战场上的运用也迫使对方将其作为重要的打击目标，从而衍生出围绕导弹出击和隐蔽、导弹摧毁和防御的现代战争样式。

导弹技术对战争更大、更深远的影响是，其与核弹等大规模杀伤武器结合，完全改变了以往的战争形态。尤其是，有核国家之间，双方达到"核恐怖平衡"，难以进行直接的战争冲突，而更多地选择"代理人战争"，除非对方掌握了颠覆技术，从而迫使另一方无法启动核武器。核导弹的发展牵引着国家博弈的战略走向，并深刻影响着世界战略格局的演变。

（三）十大经典之三：世界上的首型洲际导弹——苏联 P-7 洲际弹道导弹

1957 年 8 月 27 日，苏联塔斯社发布了一则公告：8 月 21 日，世界上第一枚多级远程弹道火箭成功地向太平洋进行了全程发射试验。这则公告一经公布，立刻震惊了美国和整个西方世界。为什么会产生如此大的影响呢？这意味着，苏联具备了对世界上任何一个国家进行核打击的能力，这是世界上的第一枚洲际弹道导弹，代号 P-7（北约代号 SS-6）（图 2-3）。设计者正是科罗廖夫。

在苏联导弹起步与发展阶段，科罗廖夫、维克托 - 彼得罗维奇 - 马克耶夫、弗拉基米尔·切洛梅等科学家分别成为不同领域的带头人。马克耶夫和切洛梅后来分别在潜射弹道导弹和反舰导弹领域取得了显著成绩，而科罗廖夫团队在研制 P-1 导弹、P-2 导弹后则开始潜心研制远程和洲际导弹。

洲际导弹一般指射程大于 8000 千米的导弹，能够实现跨洲飞行。因此，导弹需要获得更快的速度，而为了能够获得更快的速度，就需要更大的动力。与此前的近、中程弹道导弹相比，P-7 洲际弹道导弹最大的变化是对动力系统进行了重大改进：P-7 洲际弹道导弹采用两级液体动力方案，外加捆绑式结构。采用捆绑式结构，无疑大大提高了推力，这是导弹发展史上的经典之作。捆绑式助推器是由一个配置在中央的较长芯级（RD-108 发动机）和 4 个配置在四周的较短助推级（RD-107 发动机）构成的。捆绑技术解决了当时尚没有大推力火箭发动机的问题，以及火箭分离、高空点火等难题。同时，P-7 洲际弹道导弹的独特设计与动力系统方案还解决了其他三个比较关键的问题：一是采用了新型燃烧室结构方案，把加

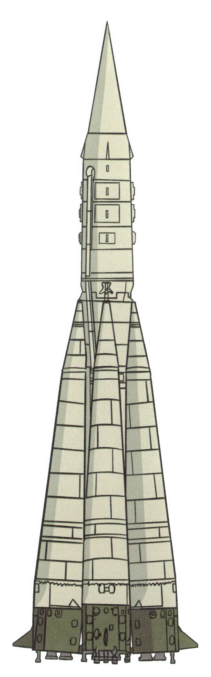

图 2-3　苏联 P-7 洲际弹道导弹的构型示意图

工成的加热肋壁沿着肋顶部与冷却外壳结合，使冷却液体沿肋间保持物理和化学性质的一致性，解决了燃烧室耐高温、耐高压的问题，让燃烧室适应更大的推力；二是解决了多发动机方案可靠性、燃料馈送和矢量控制等问题；三是解决了燃烧室的高频不稳定、震荡的问题。

P-7 洲际弹道导弹的另一个重大突破是解决了再入烧蚀问题。我们现在回答前面提到的头体分离问题。弹头的飞行高度一般都在100 千米以上，也就是在大气层外，弹头返回地面重新进入大气层的过程叫作再入，再入时会伴随高温、高压、震动、噪声、冲击等现象，飞行环境十分恶劣。我们看到的流星就是典型的飞入大气层被烧毁的现象。那么，V-2 导弹为什么没被烧毁呢？这是由于 V-2 导弹的射程只有几百千米，速度还不够快，因此其再入环境没那么恶劣。但是，洲际导弹就不一样了。洲际导弹的速度接近第一宇宙速度，足以将弹头烧毁，因此洲际导弹的弹头再入时对弹头的姿态是有要求的，要使得弹头安全再入。弹头一般都是单锥外形，气动特性就像羽毛球，比较容易保持姿态稳定。但是，如果弹头与弹体不分开，外形就复杂多了。复杂的气动环境会造成翻滚，而一旦翻滚，强大的冲击力就会造成整弹解体甚至烧毁。因此，头体分离后，再入的难度大大降低了。

P-7 洲际弹道导弹弹长 31.4 米，弹体直径 11.2 米，最大射程8000 千米，命中精度 2.5～5 千米，最大速度 7.9 千米／秒，发射质量 283 吨，弹头质量 5.5 吨，于 1960 年 11 月装备部队。

1957 年 10 月 4 日 22 时 28 分 34 秒，苏联使用 P-7 洲际弹道导弹的火箭运载器将人类第一颗人造地球卫星送入了近地轨道。这再次震惊了世界，科罗廖夫在两个月内两次震惊了世界。至此，在美苏导弹的竞赛中，苏联不仅完成了追赶，而且实现了反超。

十大启示之三：谁能先摆脱路径依赖，谁就能更早获得新式武器装备

第二次世界大战结束后，美国成为世界上综合实力最强的国家，在军事工业基础、技术与工艺方面要领先于苏联，又获得了德国核心的技术团队和大量的 V-2 导弹技术资料。但是苏联却在 1957 年 5 月 15 日成功试射 P-7 洲际弹道导弹，成为世界上最早拥有洲际弹道导弹的国家。出现这种意外情况的原因有两个：一方面是苏联高度重视弹道导弹武器，正确认识客观需求和技术可行性，将战略核导弹视为国家博弈的重要筹码、作为国家专项，举全国之力来发展；另一方面是美国拥有成熟的核运载工具，已经形成了核武器发展和运用的既有路径，忽视了洲际弹道导弹作为核弹的新型投送工具的重要性。

在 1945～1950 年的核弹诞生初期，战略轰炸机是投送核弹的唯一手段，载有核弹的战略轰炸机是最主要的威慑力量。美国当时的战略轰炸机处于绝对优势地位，也是战略重点。到 20 世纪 50 年代中期，美国战略轰炸机的总数已达 1500 架，B-47 轰炸机是美国空军的主力。美国空军在第二次世界大战时期成功使用战略轰炸机在日本投放了原子弹。美军在战略轰炸机方面的绝对优势使其主观上对研制洲际弹道导弹并不热心，也不愿意做出改变；同时，由于当时的弹道导弹技术尚不成熟，两弹结合尚需要克服许多障碍。此外，美国三军各自为政。战略轰炸机能够为美国空军带来可观的经费。美国空军为了自己军种的利益最大化，自然不愿放弃自己在战略轰炸机方面的巨大经费利益。这种本位主义思想也阻碍了美军当时洲际弹道导弹的发展。

直到苏联成功试射洲际弹道导弹后，美国才幡然醒悟，开始奋起

直追，在半年后也很快发射了洲际弹道导弹。在强大的工业和技术基础的支撑下，到20世纪60年代，美国战略核导弹的部署速度与规模已经超过苏联。

三、军备竞赛

（一）核武器时代降临——核武阴云，争先恐后

由于美国当时未对洲际弹道导弹引起足够重视，苏联抢占了首枚洲际弹道导弹的发射先机。美国弹道导弹首先发展的是"雷神""丘比特"等射程在2000～3000千米的陆基中程导弹，主要部署在英国、意大利等欧洲地区，用于加强对苏联的掣肘。美国康维尔飞机公司早在1948～1949年就在白沙试验场开展了洲际弹道导弹研究工作，但此后未能说服美国空军支持，长时间处于自筹经费研发状态，也曾出现试射失败爆炸的情况。在苏联成功试射首枚洲际弹道导弹后，美国被迫开始加大对洲际弹道导弹的发展力度，加速首型洲际弹道导弹"宇宙神"的研发进程，并在1959年完成部署。除经费问题外，"宇宙神"在研制过程中也出现过许多技术困难。在弹体材料和强度设计方面，为减轻重量，"宇宙神"采用AISI 301不锈钢作为壳体材料。但壳体钢板太薄，在贮箱为空的情况下，导弹自身重量会导致外壳软软地瘪下去。康维尔飞机公司的工程师采用了在贮箱内部充氮气的巧妙方法，成功地解决了上述问题。并且，在燃料贮箱的焊接工艺上，他们通过冲床冲出的凸点来增加薄钢板焊接结构的刚度。"宇宙神"采用了1台主发动机、两侧

2 台助推发动机的动力设计。然而在试射准备时，弹体和 LR-89 助推发动机率先完成研制，LR-105 主发动机却迟迟没定型。美国空军并没有等待主发动机，而是率先开展了 8 次没有主发动机的导弹试射，发现了振动控制耦合、气动加热等方面的问题。在等待主发动机定型的 1 年时间里，美国空军逐个解决了这些问题，大大加快了导弹研制进度。美国这一抉择不仅节省了足足 1 年的时间，而且及时弥补了与苏联在竞争上的劣势。这一做法成为导弹研制决策上的典范。

到 20 世纪 60 年代，美国以洲际弹道导弹为代表的战略核力量开始超过并大幅领先于苏联。冷战初期，美国科技与工业基础处于领先地位，再加上科技部门和工业界奋起直追，使美国在苏联洲际弹道导弹研制成功后能够迅速赶上苏联，并实现超越。

因此，到 20 世纪 60 年代，美苏都拥有了洲际射程的战略核导弹。苏联主要是 P-7 洲际弹道导弹，美国是"雷神""宇宙神"。这一时期美苏的战略核导弹都属于第一代。严格来说，第一代战略核导弹还不具备实战能力，更多的是心理威慑。第一代战略核导弹的主要缺陷在于所采用的液体推进剂技术还不成熟，导致推进剂所需的加注时间比较长，通常至少需要 6 个小时，而且加注后的贮存时间也比较短，无法完成战略执勤任务。

十大启示之四：避免研制过程中的"等"和"拖"

在复杂系统的项目管理中，"等"和"拖"是最不应该出现的情况。美国在"宇宙神"洲际弹道导弹主发动机未研制成熟的情况下，仍开展其他系统的试验并发现、解决问题，这不仅节省了足足 1 年的时间，而且及时弥补了与苏联在竞争上的劣势，从而成为导弹研制决策上的典范。

（二）苏联第二代战略弹道导弹——红色二代

在第一枚洲际弹道导弹发射成功之后，科罗廖夫更多地转向了人造卫星发射和载人飞船研制的工作，苏联导弹研制的接力棒传到了米哈伊尔·库兹米奇·扬格利的手中。扬格利曾经是科罗廖夫的副手，但是两个人在液体推进剂的选取上产生了重大分歧，科罗廖夫主张低沸点燃料，而扬格利则主张高沸点燃料。最终，苏联决定另行成立 586 特种设计局（Олытное конструкторское бюро № 586，1965 年改名南方设计局），由扬格利负责。

尽管苏联在洲际弹道导弹研发起步阶段抢占了先机，但其发展并非一帆风顺，急功近利的心态导致研发过程出现失败和挫折。1957 年，由扬格利领导的 586 特种设计局承担了 P-7 洲际弹道导弹的后继型号 P-16（北约代号 SS-7）洲际弹道导弹的研制工作。为尽早得到试验数据，1960 年 10 月 24 日，P-16 洲际弹道导弹在未准备好的情况下便仓促开展试验。因内部安装问题，该导弹燃料泄漏，就在专家进行抢修过程中，该导弹突然点火，燃料舱直接发生爆炸，周边正在讨论对策的工程师还没反应过来就被火焰吞噬气化，尸骨无存。此次事故共造成 126 人遇难，对苏联导弹事业造成了难以估量的巨大损失。在场的苏联炮兵主帅兼导弹部队总司令米特罗凡·伊万诺维奇·涅杰林元帅也在事故中丧生，试射失败正值赫鲁晓夫访美之际，为避免扩大影响，苏联声称涅杰林元帅在履行职责时因飞机失事而丧生，真相直到 1995 年才被公之于众。庆幸的是，P-16 洲际弹道导弹的总设计师扬格利在试射爆炸时，正在发射场地下掩体抽烟，因此他幸免于难。

扬格利引领了苏联第二代战略弹道导弹的研制工作，在 P-16 洲际弹道导弹之后，又先后主导研制了 SS-9、SS-17 等型号。SS-9 导弹在 20 世纪 60 年代初开始设计，从 1967 年起服役，采用地下井发射方式，射程在 11 000～12 000 千米，可携带多达 4 型核弹头，其中包括采用非导侧向投放方式的集束式多弹头（含 3 枚子弹头），是苏联第一型多弹头导弹，大大提高了导弹的突防能力。扬格利在 20 世纪 70 年代初开始着手研制 SS-17 导弹，1975 年导弹列装。在该型导弹上，扬格利设计出新的冷发射技术，即弹射出筒点火发射模式。在动力方面，为缩减导弹燃料加注时间、降低发射准备复杂度，美国当时已经开始将研发重点由液体火箭发动机向固体火箭发动机转变，而苏联继续推动液体火箭发动机的发展。扬格利团队只是在之前的液体燃料中加装了一种俗称"安瓿玻璃管"的装置，就解决了液体燃料腐蚀、泄漏的问题，使加注好燃料的火箭能够保持满载状态达 5 年以上。此外，苏联这一代洲际弹道导弹相比之前有了明显提升，这还体现在使用了分导式多弹头技术，该技术显著提升了导弹的突防能力。扬格利也是 SS-18 导弹（"撒旦"）最初的负责人，1971 年，扬格利因心肌梗死离世，此后他的副手弗拉基米尔·费多罗维奇·乌特金接管了导弹研发工作。南方设计局也成为苏联后期唯一的重型洲际弹道导弹的研制和生产商，其发展的部分导弹被改装成火箭后用于商业发射，包括"旋风号""第聂伯号""天顶号"等。

十大经典人物之三：隐形总师——米哈伊尔·库兹米奇·扬格利

米哈伊尔·库兹米奇·扬格利是苏联陆军元帅、科学院院士、苏联"SS 系列"导弹总设计师、两次"社会主义劳动英雄"称号获得者。然而，苏联当局对其身份讳莫如深，直到 1971 年 10 月公开的悼词里才第一次出现这个名字。

扬格利早年从莫斯科航空学院毕业，随后进入航空工业研究院深造，后来在航空工厂担任总设计师助手、副厂长、飞机设计局副总工程师。1954 年 4 月，苏联成立了 586 特种设计局，由扬格利主持工作。在工作期间，扬格利主持研制了 SS-4、SS-5、SS-7 等一系列战略核导弹。其中，P-16 导弹在试验时发生了爆炸，现场人员死伤惨重，但这位西方世界口中的"撒旦"扬格利却因在发射场地下掩体抽烟而幸免于难。最终，扬格利在 SS-17 和 SS-18 研制过程中因过度劳累引发心肌梗死，过早离开人世，享年 60 岁。他的"绝笔"SS-18 导弹集先前各型战略核导弹的优点于一身，把发射井的启动效率提高了 10 倍，并且具有自身防御能力。美国人在得知 SS-18 导弹之后，称其为"魔鬼的盾与剑"。为了纪念这位民族英雄，在扬格利去世之后，苏联将他的名牌送上了帕米尔顶峰，还安放在了月球上，还用他的名字为小行星命名。

十大经典人物之四：

导弹教父——弗拉基米尔·费多罗维奇·乌特金

乌特金生于 1923 年 10 月，是苏联火箭及空间技术专家、著名导弹设计师。1952 年，他被分配到 586 特种设计局开始从事导弹研究工作，1971年任南方设计局总设计师兼局长。从1986年起，他任南方科学生产综合体（包括南方设计局、南方机械制造厂、机械制造工艺研究所和一系列其他机构）的总经理，1990年后任苏联太空研究院中央机械制造科学研究所所长。乌特金在南方设计局工作期间，领导了包括SS-18、SS-24在内的多个型号战略弹道导弹的设计研制。

　　乌特金主持研制的SS-18导弹可以携带10个分导式弹头，每个弹头的TNT当量为75万吨，目前仍在俄罗斯战略核导弹部队中服役。该导弹由南方设计局研制。乌特金是苏联当之无愧的SS-18"教父"。然而，"教父"既不是狂热的军国主义者，也不是强硬的"鹰派"。乌特金之所以成为"撒旦"的创造者，仅仅是因为20世纪后半期为了维持和平，必须创造这样一种令人恐惧的庞然大物。作为一名设计人员和科研管理者，乌特金直接参加了现代运载火箭和航天器的设计与制造工作，包括苏联战略火箭军装备、使苏联能够在核力量上与美国相抗衡的四种战略核导弹。因此，乌特金当然在苏联火箭制造业的杰出代表中占有一席之地。

（三）十大经典之四：全球最持久洲际导弹——"民兵"洲际弹道导弹

　　与苏联第二代战略弹道导弹仍采用的液体火箭发动机不同，以"民兵"系列洲际弹道导弹（图2-4）为代表的美国第二代战略弹道导弹，采用了固体火箭发动机，使得发射准备时间大大缩短，进而大幅提升了导弹的实战威慑能力。早在"宇宙神"发展期间，根·伯纳德·施里弗和爱德华·霍尔博士就已经意识到液体火箭发

图 2-4 "民兵"系列洲际弹道导弹外形示意图

动机的缺陷。霍尔提出尽快退役液体动力洲际弹道导弹，大力研制和部署固体火箭发动机弹道导弹。这遭到许多学者的反对，霍尔甚至被称为"美国洲际弹道导弹的破坏者""核力量的毁灭者"。然而，霍尔通过论证固体火箭发动机弹道导弹的反应快、维护保养方便、保存期长及生存能力强等优点，争取到了部分经费。自 1955 年底，霍尔提出并先后攻克了固体火箭发动机弹道导弹发动机推力矢量控制、大型壳体加工工艺、发动机内壁隔热设计、高精度推力终止方案等 4 项关键技术。1957～1958 年，固体发动机样机试车成功。这使固体火箭发动机弹道导弹的大量研制经费得到了批复，推动其研发进入快车道。霍尔博士与美国空军一起将导弹命名为"民兵"，代号为 LGM-30，寓意导弹能像民兵一样训练有素，在美国广袤的陆地上随时待命，随时发射。1961 年 2 月，"民兵"导弹首次试射成功到 1962 年底，该导弹开始服役。"民兵"导弹基本型采用三级固体火箭发动机推进、地下井发射方式，配有 NS-10 惯性制导系统和 MK 再入弹头，射程达 8000 千米以上，命中圆概率偏差达 1.6 千米。从 1957 年固体火箭发动机弹道导弹的概念提出到 1962 年"民兵 1"型导弹服役仅用了 6 年时间，美国洲际弹道导弹能力实现了飞跃。

　　"民兵"导弹是美国导弹基本型、系列化发展的典型代表，先后发展了"民兵 1A"（代号 LGM-30A）、"民兵 1B"（代号 LGM-30B）、"民兵 2"（代号 LGM-30F）、"民兵 3"（代号 LGM-30G）等四型三代导弹，是全球服役时间最长的战略核导弹系列，也是美军现役唯一陆基洲际弹道导弹型号。"民兵 2"导弹于 1962 年开始研制，1965 年服役。在"灵活反应"战略的要求下，美国重新设计了该导弹的第二级，改进了推进剂装药、发动机壳体设计与制导控制通信系统。这些改进不仅提高了弹头的威力，还配备了诱饵和金属箔条等突防装置。导弹射程达到 11 260 千米，命中圆概率偏差降低至 560 米，导弹打击灵活性、突防能力等均得到了提升。1966

年，美国在"饱和打击"和"确保摧毁"的战略思想的催化下，又研制并改进出分导式多弹头的"民兵3"导弹。该导弹于1970年开始服役，并通过延寿一直服役至今。当年"民兵3"导弹主要采用了内含3个子弹头的MK12分导式弹头，适应性地增加了第三级与弹头间的末助推控制系统，并升级了惯性制导系统，导弹射程提升至13 000千米，命中圆概率偏差降低至220米。此后，"民兵3"导弹与时俱进，进行过多次现代化改进，始终维系先进的核打击能力。

比较美苏的第二代战略核导弹，美国以"民兵"导弹为代表，采用了固体火箭发动机；苏联以SS-9导弹为代表，采用了液体火箭发动机。第二代战略核导弹发射准备时间大大缩短，成为具备实战能力的有效武器。

四、对手初现

（一）导弹防御系统的诞生

有矛必有盾，自导弹诞生之日起，人们就已经开始考虑对抗这类武器的办法，并研究防御手段。

导弹防御系统是指用于探测、识别、拦截并摧毁正在高速飞行的敌方弹道导弹，从而使其失去打击能力的武器系统总称。

美国导弹防御系统的研究可以追溯至冷战初期，其导弹防御系统曾几经修改，先后研制了"奈基－宙斯"（Nike-Zeus）系统、"哨兵"系统、"卫兵"系统、"星球大战计划"、"防御有限打击的全球保护系统"、"弹道导弹防御计划"，直到布什政府的"全球导弹防御计划"。

"奈基－宙斯"系统和"哨兵"系统均是验证阶段的反导系统，并没有实用化。在经历了短时间的发展后，这两个系统便由于种种原因被迫停止。1969年3月14日，尼克松政府宣布部署的"卫兵"系统是美国第一个实用化的反导系统，其核心仍然是"哨兵"系统的系统部件，设备及反导导弹都没有改变；但作战任务发生了变化，主要用来保卫洲际导弹的发射井，尤其是"民兵"洲际弹道导弹的发射基地，从而为美国的二次核打击能力提供保护。

苏联对弹道导弹防御的研究晚于美国，但实际部署却较早。1948～1951年，苏联国防部下辖的NII-4与NII-885两个科学研究院开始进行关于拦截弹道导弹的可行性研究。1956年，格鲁什科夫设计局开始发展V-1000防空导弹。1961年3月，苏联利用该导弹和已部署的RZ-25导弹防御系统进行了第一次导弹拦截试验并获得了成功。1972年，苏联的反弹道导弹系统正式通过了验收，并开始服役。俄罗斯的导弹防御系统已历经四代，第五代防御系统的研制业已取得重大突破：第一代称为RZ-25，1956年开始研制，1964年退役；第二代称为A-35，于1964年部署；第三代称为S-225；第四代称为A-135，服役于1984年，至今仍在使用。

作为苏联第一代导弹防御系统，RZ-25也是世界上第一套导弹防御系统。该系统于1961年3月4日在哈萨克斯坦进行了试验并取得了成功。这是历史上第一次以常规战斗部成功拦截弹道导弹的试验。这次试验成功地证实了反弹道导弹完全可以用于防御洲际弹道导弹的袭击。试验成功后，苏联决定对该系统进行部署，以应对可能的战争。最初，苏联在爱沙尼亚首都塔林附近建造发射场。1962年，苏联又在列宁格勒附近建造了30个发射场。这就是世人所知的

"塔林线"和"列宁格勒反导系统"。

1961年，SKB-30设计局已经完成了第二代反导系统A-35的设计方案。1962年秋天，A-35反导系统的设计方案通过批准。1964年，新的设计方案将火力系统缩减为16个，并且将系统功能现代化。1964年，在红场阅兵式上"橡皮套鞋"（Galosh）（北约代号ABM-1）拦截导弹第一次公开亮相。1967年，A-35反导系统"阿尔丹河"进入试验阶段。1972年，A-35反导系统通过验证并开始服役。该系统是苏联部署的第一种用于实战的系统。监视雷达包括杜奈-3、杜奈-3U两种大型相控阵雷达。该系统主要部署在莫斯科附近，用以防御美国的弹道导弹袭击。A-35反导系统是单层反导系统，由1个战地指挥所、8部雷达组成一个大范围的圆形侦察区域和32个火力系统。从整体性能上来讲，"橡皮套鞋"与美国的"奈基-宙斯"系统差不多，但不能应对多弹头导弹、轻重诱惑目标及主动干扰，特别是在对方使用渗透性支援时，该系统就更显得捉襟见肘了。

为了全面提高多层拦截能力，苏联在1965～1978年成功研制出S-225反导系统。该系统具有双层拦截功能，主要目的是在中途拦截1～2枚导弹。S-225反导系统包括1个目标追踪相控阵雷达和导弹制导雷达、1个命令中转站、带核弹头的反导导弹和5YA26、5YA27自导引命令站。公开信息显示，这个系统是在20世纪70年代早期进行研制的。据估计，这个系统很可能与ABM-X-3反导系统同时服役，直到20世纪70年代末期。

A-135反导系统是俄罗斯的第四代反导系统，主要用于保护莫斯科及其邻近地区免受敌方洲际弹道导弹的核打击。该系统始建于20世纪80年代，直到1995年2月才完全投入使用。井下发射式的A-135反导系统拦截导弹，上一次发射时间是2004年11月。研制

A-135 反导系统的主要原因是 A-35 反导系统的作战能力极其有限，只能对付 6～8 枚洲际弹道导弹的袭击。20 世纪 70 年代初，苏联估计美国至少有 60 枚 100 万吨 TNT 当量的弹头瞄准莫斯科，弹头数量是苏联 A-35 反导系统作战能力的近 10 倍。随着分导式多弹头的出现，威胁又提高了一个数量级。在此背景下，苏联部长会议于 1975 年 6 月决定部署一种代号为 A-135 的新一代反导系统。A-135 反导系统装备了两种导弹系统：一种是代号为 53T6 的高超声速大气层内导弹拦截弹，另一种是代号为 51T6 的大气层外导弹拦截弹。A-135 反导系统能够拦截飞行高度从 5 千米至近太空、速度为 6～7 千米/秒的弹道导弹，打击目标的概率高达 95%。

（二）导弹武器的突防

第二次世界大战时期，盟军对 V-2 导弹头痛不已，原因就在于 V-2 导弹飞行速度快、作战时间短、没有有效的防御手段，而战略核导弹的威力远非 V-2 导弹可比。如何防御战略核导弹？我们自然就想到了通过发射一枚核导弹在空中核爆，以摧毁来袭的核导弹，也就是以核反导。

美苏当时的反导系统主要是以核反导的方式。那么，反导系统是如何反导的呢？反导系统主要由三个部分构成——雷达系统、指挥控制系统、拦截弹系统。雷达系统又包括预警雷达和作战指挥雷达。预警雷达主要执行搜索任务，即在大范围内进行扫描搜索，发现对方的来袭导弹；作战指挥雷达则是在预警雷达搜索的基础上，对来袭导弹进行更加准确的跟踪，通过跟踪信息推算出来袭导弹的弹道。指挥控制系统根据获取到的敌方导弹信息，如来袭导弹的批次、数量，制定防御策略，进行资源分配，做出作战计划，并下达作战指令。拦截弹系统根据任务指令对来袭的弹头进行摧毁。

在知道了反导系统是如何反导之后，我们就要想办法突破反导系统。这种技术叫作突防技术，战略核导弹必须想办法突破反导系统。于是，战略核导弹除了具有打击对方的能力之外，还必须增加一项能力，就是突防能力。

实际上，美苏在建立导弹防御系统的同时，也在开展对突防技术的研究。我们知道，在第二次世界大战期间，英国发明了雷达。雷达的出现使得英国可以很早地发现德国的飞机。雷达可以"看到"飞机，当然也就可以"看见"导弹。导弹只有弹头，弹头的个头要比飞机的个头小很多，因此发现导弹就比较困难。但不管怎么说，雷达还是能"看到"导弹。由于弹头的个头小，因此如果在弹头周围放几个和弹头看起来差不多的假目标，将真正的弹头藏于多个目标中，就会使得对方难以分辨哪个是真目标。这些假目标叫作诱饵。诱饵有角形反射器、龙伯透镜反射器、敷金属层气球、金属箔条等。这些诱饵可用薄塑料制成，包覆以金属箔、条或丝网。一枚导弹可以携带许多诱饵，在导弹升到大气层外时释放它们。这些诱饵跟随弹头飞行，起到掩护弹头的作用。诱饵是被抛撒出去的，因此诱饵相对于弹头会有相对速度，会渐渐远离弹头。如果诱饵的数量很多，则导弹会采取分批次抛撒方式，这样这些诱饵的飞行边界就会形成一个类似管状的区域。这在专业术语中叫作威胁管道。威胁管道的长度最长可达百千米级。这种诱饵在进入大气层时，由于其质量很轻，会受到空气阻力的作用而急剧减速，最终在高空止步，从而使弹头在进入大气层后成为"孤家寡人"。因此，当弹头进入大气层后，仍然需要有诱饵伴随进行掩护，这种诱饵通常会比较重，叫作再入诱饵。但是，再入诱饵也不能无限跟随弹头，那么它能跟多久呢？这个解释起来内容有点多，如果按照专业术语解释就只有一句话，即跟随时间取决于质阻比。

当战略核导弹采取了这样的突防措施后，我们来看看反导系统如何拦截吧。这时，反导系统面对的是一个威胁管道。这个管道有可能长达百千米，里面有几百个目标。如果无法识别出弹头，反导系统就只有把所有目标全部打掉了，这样成本就太高了，无法接受。说到这里，就涉及另一项技术——目标识别技术，即如何从众多的假目标中识别出真弹头。这个问题比较复杂，我们就不针对这个问题展开了。简单来说，识别取决于雷达的性能及假目标的逼真度。以当时的雷达水平及识别手段来说，识别出真弹头还是一件挺有难度的事情。关于识别技术，我们在后面还会谈到。高空核爆如果没有摧毁弹头，也会将周围的轻诱饵扫荡一空，只剩下弹头和再入诱饵，这种战术叫作"核廓清"。如果只有一个目标群，这种方式十分有效，但是如果威胁管道很长，这种方式的代价就很大。如果不能在大气层外摧毁来袭弹头，就只能等到弹头进入大气层后利用大气阻力过滤掉大量的轻诱饵，在只剩下弹头和再入诱饵时再进行拦截。美苏的反导系统都是两层拦截——高层拦截和低层拦截。但是，低层拦截有很大的问题：一是可供拦截的作战时间很短，对有效性要求很高；二是低空核爆会对地面造成比较大的伤害，付出的代价也很大。总之，虽然有了反导系统，但是以核反导的方式仍然存在明显的缺陷。

突防技术后来有了很大的发展，包括无源电子干扰、有源电子对抗、隐身技术、光电对抗、抗核加固等，后续导弹的发展都采用了大量的突防技术。

（三）十大经典之五：现役最大的导弹——SS-18 导弹

20 世纪 60 年代中后期，美苏进入"相互确保摧毁"的战略对抗阶段。"相互确保摧毁"对核力量的生存能力提出了非常高的要求。苏联装备的 SS-9 和 SS-11 导弹在设计时对导弹生存能力、发射井防护能力的考虑较少，难以满足新的对抗要求。在此背景下，1968 年前后，苏联领导人提出了研制新一代洲际弹道导弹的指示。SS-17、SS-18 和 SS-19 等三种新型导弹同时上马。其中，SS-18 导弹由南方设计局负责设计、南方机械制造厂负责生产。

SS-18 导弹是在 SS-9 导弹的基础上研制的，在总体性能上有显著提升。SS-18 导弹的弹体直径保持 3 米不变，两级都采用了共底推进剂贮箱。第二级燃料箱下部做成环筒状，可以将第二级发动机插入环筒中央，这样可以省去箱间段和过渡段，缩短级间段，进而减轻弹体结构质量。两级都采用了推进剂利用系统，以确保两种推进剂组元同时耗尽。经过改进后，弹体总长度缩短了 40 厘米，但推进剂贮量增加了约 11%，有效载荷增加了约 40%，从而为配备多种弹头方案提供了条件。

苏联在 SS-18 导弹上装载了分导式多弹头，共有三种分导式多弹头方案：第一种方案是 10 个 TNT 当量为 40 万吨子弹头，第二种方案是 4 个 TNT 当量为 100 万吨子弹头，第三种方案是 6 个 TNT 当量为 40 万吨子弹头。弹头母舱装配固体制导系统，每个子弹头可以瞄准不同的目标。另外，SS-18 导弹上还配备两种单弹头，一种是 TNT 当量为 2000 万吨单弹头，另一种是 TNT 当量为 800 万吨单弹头。

SS-18 导弹加装有突防诱饵。诱饵上装配的固体火箭发动机可以抵消空气阻力引起的飞行速度降低，使诱饵能够在大气层外和大气层内的大部分飞行段上与真弹头伴飞，实施有效突防。

SS-18 导弹弹长为 34 米，弹体直径为 3 米，命中精度为 440 米，最大射程为 15 000 千米，发射质量为 217 吨。1973 年 2 月，SS-18 导弹首次飞行试验成功，1975 年 12 月开始装备部队。

SS-18 导弹是扬格利毕其一生功力的代表作，也是他最后的绝唱。在完成该型导弹之后，这位 SS 系列的苏联导弹大师就逝世了。

五、并驱争先

（一）争夺加剧

勃列日涅夫执政后，苏联对赫鲁晓夫执政时期的"火箭核战略"进行了进一步的调整和发展，形成了"核战争制胜战略"。这一战略强调在核作战中的取胜思想，带有鲜明的进攻性，核重点打击目标由经济目标转为军事目标。同时，苏联也充分重视常规战争准备，既强调先发制人，又作打持久战的准备。为适应上述战略，苏联大力谋求以陆基洲际弹道导弹为代表的核武器技术的突破，并扩充核武库。

冷战中期，美、苏核弹道导弹的种类不断增加，规模不断扩大，固体推进、高精度分导式多弹头等技术取得了突破。在"二次核打击"理论的牵引下，为提升核反应灵活性，双方还发展出潜射洲际弹道导弹，推动了陆、海、空"三位一体"多元化核力量的形成。为了能够对核弹道导弹实现战略防御，双方还发展出导弹防御系统。意识到不能无限制地发展核武器后，美国转变了核战略，美、苏签署了以《苏联和美国消除两国中程和中短程导弹条约》（简称《中导条约》)、《新削减战略武器条约》等为代表的多项管控条约，核导弹扩张态势在一定程度上得到遏制。

北约和华约的形成在军事能力上都需要一种能够压倒对方的制胜武器，核武器成为美、苏争相发展的重中之重。

核弹头与导弹相结合后，载有核弹头的导弹占据了大国战略威慑的主体，核战略成为第二次世界大战后世界主要国家的国家战略重点。可以说，核导弹的发展支撑和推动了国家核战略的发展与调整，核战略又决定了核力量的发展和核武器的运用策略。

陆基核力量、海基核力量、空基核力量各有其优缺点，需要通过配合使用实现威慑能力的最大化。陆基核力量包括采用塔架、地下井、公路机动等多种发射方式的核武器。20世纪60年代，陆基导弹主要是采用液体火箭发动机的弹道导弹。为提升生存能力，其发射方式从塔架式发展为地下井发射。随后，固体导弹以井基和公路机动发射方式大量部署。海基核力量主要是指核潜艇及其发射的核导弹。20世纪70年代，大吨位潜艇技术的发展促进了海基核力量的快速形成。潜射导弹具有隐蔽性好、生存能力强的特点，能够大幅提升二次核反击能力。空基核力量是指空基平台及其发射（投放）的核弹和核导弹等。20世纪50年代，战略轰炸机最先成为核弹的载具。此后，随着巡航导弹和弹道导弹技术的发展，导弹与战略轰炸机的结合进一步扩大了空基核武器的作战能力。

无论采用哪种部署方式，核武器的生存能力都是关键因素。通过搭配使用不同部署方式，能够实现优势互补，并在持续优化构成与配比过程中实现威慑能力的最大化，进而达到威慑稳定状态。

美国此时施行注重纯威慑的"确保摧毁"的现实威慑策略。美国认为，"三位一体"的战略进攻力量不太可能在一次打击中全部被摧毁，美、苏都拥有第二次打击能力，所以"确保摧毁"是实施中央威慑的主导战略。

这一时期是美苏战略核导弹竞争的高峰期，双方的新型战略核导弹层出不穷，直到双方都意识到需要结束这种无止境的竞争。于是，美、苏开始坐下来协商，并签署了部分禁试条约和核不扩散条约，如《关于限制进攻性战略武器的某些措施的临时协定》《限制反弹道导弹系统条约》等。这些条约对于美苏两国的威慑策略和战略武器的发展方向都有一定的影响。

在这之后，双方就再也没有如此频繁地研发新型战略核导弹了。

（二）十大经典之六：全球唯一部署过的铁路机动导弹——SS-24

20世纪60年代，美苏双方都出现了公路和铁路机动的战略核导弹设计方案。早在20世纪50年代末期，美国就考虑把当时研制中的"民兵1"型导弹部署在火车上，以3～5节有可掀盖的车厢作为导弹发射车，其他车厢则为支援车厢，但由于种种原因终未实现。当时，美国的"乔治·华盛顿"级战略核潜艇已经服役，而苏联缺乏导弹核潜艇，因此苏联迫切需要陆基机动发射来缩小二次核报复的手段的差距。

1976年，苏联部署了由南方设计局研制的新型固体洲际弹道导弹系统，导弹设计代号PT-23，北约代号SS-24（"手术刀"）。1979年，苏联决定让SS-24弹道导弹携带分导式多弹头，采用井基和铁路机动两种方式部署。SS-24弹道导弹为人熟知的莫过于铁路部署。"恐怖的核导弹列车"成为SS-24弹道导弹武器系统的代名词。

铁路机动发射的SS-24弹道导弹有两个显著特点。

第一个特点是难发现、难摧毁。导弹列车与普通货运列车外形相似，可在标准铁路上行驶，并能在行驶的任何时间实施导弹发射。在通常情况下，一辆导弹列车一昼夜的机动距离可达 1000 千米，要想始终保持对这辆火车的跟踪监视，就必须同时动用 300 颗左右的侦察卫星，而这显然是完全不可能的。一旦列车离开基地进入铁路网，几分钟后就会驶出美国卫星的监视范围，消失得无影无踪。即使发现了导弹列车，对其进行摧毁也很难。按照导弹列车 60 千米/小时的速度行驶，来袭导弹的飞行时间为 30 分钟，那么美国发现导弹列车并发射导弹，当导弹飞抵目标并爆炸时，导弹列车已驶离原来的位置 30 千米，超出了美国核弹头的摧毁半径（按照 100 万吨 TNT 当量核弹头计算，距离 5 千米的冲击波压力已缩减至 50 千帕）。

第二个特点是打击能力强。SS-24 弹道导弹列车由 17 节车厢组成，其中包括 3 个用于装载和发射导弹的发射舱。每个导弹发射舱由 3 节车厢组成，包括主发射装置、辅助发射装置和控制指挥所。导弹列车的其余车厢主要用作指挥车厢、燃料、润滑油罐车厢等。SS-24 弹道导弹可以携带 10 个分导式核弹头，每个核弹头的爆炸 TNT 当量为 43 万吨。即使美国先发制人进行核打击，只要还有一辆导弹列车幸存，30 枚核弹头仍可对美国造成巨大破坏，3 枚 20 万吨 TNT 当量弹头实施攻击，其毁伤效果相当于 1 枚 100 万吨 TNT 当量核弹头的爆炸效果。

SS-24 弹道导弹采用惯性加星光修正的制导方式（简称星光制导）。星光制导是利用弹上星光跟踪器跟踪观测恒星星光的方法，来确定导弹运动相对于地面的位置。这种制导方式多为机动式导弹所采用，与惯性制导配合，相辅相成，对提高导弹打击精度十分有效。这种复合制导方式使导弹的打击精度达到了 200 米。这对于射程 10 000 千米的战略核导弹来说已经很高了，也使 SS-24 弹道导弹基本具备了打击硬目标的能力。

1982年10月26日，SS-24导弹首次从普列谢茨克发射，因第一级发动机发生故障而失败。1987年10月20日，首辆以铁路机动部署的SS-24弹道导弹列车在苏联战略火箭军科斯特罗马导弹师投入战斗执勤。

十大启示之五：导弹基本型、系列化发展

世界主要国家在战略核导弹武器的发展过程中，非常重视武器型号基本型、系列化研究，通过对成熟武器装备平台进行升级改造，旨在提升装备战技性能，优化导弹武器体系型谱，进而形成系列化发展态势，持续保持和提升导弹武器装备的整体作战能力。

（三）十大经典之七：世界最小的洲际弹道导弹——"侏儒"导弹

20世纪80年代初，美国的LGM-118弹道导弹["和平卫士"（MX）]的部署方式久拖不决。1983年1月，里根总统下令成立美国战略力量委员会，专门研究"和平卫士"导弹的部署方式问题。4月，美国战略力量委员会提出美国应发展一种小型洲际弹道导弹（small intercontinental ballistic missile，SICBM），以弥补"和平卫士"导弹的生存脆弱性。5月，美国空军成立了专门的导弹计划局，以统筹和推进小型洲际弹道导弹计划的实施。1986年12月，美国政府决定采用马丁·玛丽埃塔公司的"侏儒"导弹及导弹发射车方案。

"侏儒"导弹，又称小型洲际弹道导弹，是一种采用单弹头、具备高生存能力、采用公路机动发射方式的导弹，主要用于攻击加固导弹地下井、指挥控制中心和第一次打击后残存的战略目标。"侏儒"导弹（MGM-134A）弹长为 16.16 米，弹径为 1.21 米，起飞重量为 16.78 吨，射程为 11 000 千米左右，命中精度为 183 米。"侏儒"导弹是世界上重量最轻的射程超过 11 000 千米的洲际弹道导弹，也是命中精度最高的洲际弹道导弹，对动力系统、控制精度、结构材料提出了非常高的要求。

"侏儒"导弹采用了惯性制导系统，基准型惯性组件是轻型高级惯性参数球（advanced inertial reference sphere，AIRS），由"和平卫士"导弹的惯性组件改进而来。主要改进之处有：取消了"和平卫士"导弹上的供冷却惯性测量装置用的冷却剂贮存系统，使质量减轻了 22.7 千克；改进了平台加矩线路中晶体管的性能；减轻了抗核辐射加固计算机的质量；重新封装了电子装置，以便利用集成电路。轻型 AIRS 制导系统除负责导弹制导外，还用于机动发射车的地面导航。

"侏儒"导弹选用"和平卫士"导弹的 1 个子弹头 MK21 作再入飞行器，内装 W87 弹头，威力为 30 万吨 TNT 当量。MK21 原名为先进弹道再入飞行器（advanced ballistic re-entry vehicle，ABRV），呈细长尖锥形，底部直径为 0.554 米，长为 1.75 米，半锥角为 8.2°。端头的防热材料为细编穿刺的三向碳/碳复合材料，大面积防热材料为带缠碳酚醛，具有良好的耐烧蚀性能和抗粒子侵蚀性能。由于端头在再入过程中有稳定的烧蚀外形，可以实现更小的再入散布。"侏儒"导弹装有先进的突防装置，包括诱饵和其他对抗措施，用来对付光学探测器和非核杀伤拦截弹。

"侏儒"导弹采用加固机动发射车进行机动发射。加固机动发射车是一种抗核加固的重型轮式车辆，按照静态 207 千帕超压、动态 69 千帕超压的抗核要求设计，由牵引车和发射拖车组成。牵引车配有 4 架电视摄像机，在遭受核攻击时，驾驶员可以通过电视屏幕驾驶车辆。发射拖车装有定锚器，能使车辆固定在地面。

十大启示之六：综合权衡、总体优先的系统工程思想

在现代战争中，武器系统中某项突出的缺点会使其超一流的性能化为乌有。精良的武器系统不在于有突出的优点（如制导的高精度），而在于没有突出的缺点（如可靠性、机动性差）。因此，美苏在发展弹道导弹的过程中，从系统工程的角度出发，不单纯追求某项性能最佳，而是讲求各项性能的最佳组合。美苏均遵照综合权衡、总体优先的原则。例如，它们在发展机动固体导弹时，不仅要求射程远、精度高，而且对各系统的可靠性、小型化都有严格的要求。在选择制导方案时，它们也不是单纯地考虑高精度，而是考虑技术的成熟程度、可靠性、成本及小型化等综合因素。这一点从美国的"和平卫士"导弹到"侏儒"导弹的论证中能明显体现出来。

（四）十大经典之八：世界潜射洲际导弹的翘楚——"三叉戟 2"

20 世纪 50 年代，为了应对苏联的核威胁，美国陆海空三军提出了各自的核战略发展设想。美国海军打破了由液体型号起步的传统发展思路，顶住固体潜射导弹技术的质疑，提出了发展固体潜射导弹的设想，继而发展出"北极星"导弹、"海神"导弹。进入 20 世纪 70 年代，为了应对苏联日益增强的核作战能力和反潜作战能力，美国海军启动了远程潜射弹道导弹发展项目，计划研制射程远高于"海神"导弹的新型潜射弹道导弹，按照以下两个阶段开展研制：第一阶段为"海神"导弹的增程型，命名为"三叉戟 1"（C-4）；

第二阶段研发全新型号，命名为"三叉戟2"（D-5）。

"三叉戟1"导弹保持了与"海神"导弹几乎相同的导弹外形和发射重量，但改进了发动机，在整流罩内增加了第三级发动机，并采用了大量新型材料，进而减轻了导弹结构重量。"三叉戟1"导弹的最大射程达到7400千米，命中精度提高到400米以内。

与"三叉戟1"导弹相比，"三叉戟2"的导弹长度增加了3米，达到13.5米，直径增加了20厘米，发射重量增加了近一倍，达到近60吨，选用的固体推进剂燃烧效率更高。因此，"三叉戟2"导弹的最大射程达到12 000千米，有效载荷达2.7吨，是"三叉戟1"导弹的两倍。

"三叉戟2"导弹的命中精度有显著提高。虽然该导弹仍采用"惯性＋星光"复合制导方式，但在弹头母舱上的姿控喷管数量增加了一倍，对分导式弹头的外形、头锥材料进行了改进，命中精度提高到200米以内，完全具备了摧毁导弹发射井的能力。

"三叉戟2"导弹配备在"俄亥俄"级战略核潜艇上，每艘"俄亥俄"级战略核潜艇装备24枚"三叉戟2"导弹。作为美国"三位一体"核战略力量之一，装载潜射弹道导弹的核潜艇平时隐匿在大海数百米之下，很难被发现和攻击，因而具有更强的生存能力，通常被认为具有二次核打击和反击力量。冷战结束后，出于国家安全利益的考虑，"三叉戟2"导弹作为主要核威慑力量在美国核战略力量结构的比重进一步提升。

十大启示之七：国家安全战略决定了战略弹道导弹的发展方向

战略导弹的出现从根本上改变了世界战争形态，也改变了世界各国特别是主要大国对国家安全的战略筹谋，其强大的威慑效应维持了半个多世纪的世界和平稳定。战略导弹作为战略武器、终极武器和政治武器，其发展方向取决于国家安全战略的需要。冷战初期，美苏为寻求核力量优势地位，在短时间内研制了多个战略核导弹型号，并迅速扩充数量。古巴导弹危机后，美苏战略核导弹规模扩充速度有所放缓，转而进行技术改进和升级换代。在冷战结束后，因美俄两国安全战略需求不同，战略核导弹发展走出了两条不同的路线。美国的战略核导弹型号逐渐精减，坚持走老型号升级的路线，形成以"民兵3"和"三叉戟2"为主力型号的战略威慑体系。俄罗斯长期坚持固液并存、多型号部署的路线，继续研制新型战略核导弹，以应对战略威胁。

（五）十大经典之九：俄罗斯陆基战略核力量的中坚——"白杨"洲际弹道导弹

"白杨"洲际弹道导弹由拉吉纳泽设计局（现莫斯科热力工程技术研究所）负责研制、沃特金斯基机器制造厂制造。"白杨"洲际弹道导弹于 1977 年开始研制，1982 年飞行试验，1985 年开始装备部队。

"白杨"洲际弹道导弹是在 SS-20（"佩刀"）导弹两级固体导弹的基础上增加一个固体第三级构成的。整个导弹结构自上至下依次为弹头、末助推级、第三级、级间段、第二级、级间段和第一级。第一级，一二级级间段和第二级均直接取自 SS-20 导弹。第三级是新研制的，该级使用 1 台固体火箭发动机，推进剂为丁羟加奥克托金的复合推进剂，并使用固定式单喷管和燃气二次喷射推力矢量控制系统。在二三级级间段上装有两个固体反推火箭，用以实现末助推级与第三级的分离。末助推控制系统包括 4 个互通的燃气发生器，每个燃气发生器带有两个喷管，通过燃气阀根据控制系统的指令打开或关闭，以控制末助推级的飞行和弹头的释放。每个燃气发生器可以由马达带动旋转，以改变控制力的方向。弹头是单弹头，固定在末助推级的前端。该导弹的改进型尺寸、起飞质量和投掷质量均比标准型大，并采用抗核加固单弹头、加大第一级推力和助推段机动等措施来提高突防能力。

"白杨"洲际弹道导弹有地下井和轮式机动车两种发射方式。地下井是由 SS-18 的地下井改造而成的。采用轮式机动车公路机动发射时，出厂时的"白杨"洲际弹道导弹被平放在一个多功能双层保温容器内。该容器平时用于贮存和运输导弹，在发射时用作导弹发射筒。装载"白杨"洲际弹道导弹的容器固定在运输起竖发射车上，该车的底盘由 MAZ-543 载重越野车的底盘改造而成。导弹运送到预定发射点后，要将容器的前端盖在水平状态下打开，使其自动解锁脱落，再对水平放置的导弹进行测试和瞄准定向，再靠气压传动系统将导弹快速调平与起竖，导弹在起竖后可立即发射。

"白杨 M"三级固体战略核导弹是"白杨"洲际弹道导弹的改进型，由莫斯科热力工程技术研究所研制。"白杨 M"洲际弹道导弹武器系统拥有很强的战术技术性能。单弹头式"白杨 M"洲际弹道导弹的弹头 TNT 当量约为 55 万吨，采用多种制导方式，分为公路机动型和地下井型两种，命中精度为 350 米，具有较强的突防能力，这主要是因为它采用了以下关键技术。

（1）速燃技术。"白杨 M"洲际弹道导弹第一级安装了大直径新型速燃固体发动机，推进剂的装填量相当大。第三级是新研制的，采用了先进的丁羟加奥克托金推进剂。新型固体火箭发动机使导弹具备快速助推和机动助推的能力，能够在飞行初始段很快加速。这不仅大大缩短了发动机的助推段工作时间，而且整个飞行过程所需要的时间也比以前的战略核导弹大大缩短了。新型发动机技术还使"白杨 M"洲际弹道导弹能在大气层内实现关机，从而使天基红外探测器难以发现、监测和跟踪导弹的行踪，导弹防御系统难以对其实施有效的跟踪和拦截。

（2）变轨技术。导弹的机动变轨就是改变导弹基本上沿着不变弹道飞行的轨道，以有效突破敌方防御系统的拦截。"白杨 M"洲际弹道导弹由于采用了新的空气动力学设计，其飞行弹道已经不是普通的惯性弹道，可以多次改变弹道高度。它的弹头也具有特殊的弹道，反导系统难以发现和跟踪。导弹的末助推控制系统包括 4 个互通的燃气发生器。每个燃气发生器可以由发动机按照预设的程序带动旋转，以改变控制力的方向，并实现机动变轨，从而提高导弹的反拦截性能。

（3）分导技术。"白杨 M"洲际弹道导弹最初设计的是一种单弹头导弹，但在投掷重量和其他相关技术上留有改装为分导式多弹头导弹的接口，目的就是在必要时使俄罗斯的核威慑能力能成倍增加。

（4）抗核加固技术。抗核加固技术就是在弹头表面包覆特殊材料，以防止拦截导弹的核辐射、电磁辐射；也可以在导弹上采用硬度大的合成材料，从而提高导弹抗击拦截导弹碰撞的能力。为防止敌方在导弹防御系统中使用核弹头进行拦截，"白杨 M"洲际弹道导弹的弹头采用了多层壳体结构。这一设计不仅增强了弹头的结构强度，有效防止了在非直接撞击条件下核爆炸效应导致的壳体熔化、烧毁、断裂等，还可以吸收、衰减和屏蔽核电磁脉冲等的辐射能量，从而使导弹防御系统很难对其进行拦截。"白杨 M"洲际弹道导弹对核爆炸的失效距离仅为 500 米，而世界上同类导弹弹头的失效距离为 10 千米。另外，"白杨 M"洲际弹道导弹的控制系统还采用了抗核加固技术，可使电磁脉冲干扰失效，并使导弹具有良好的抗干扰性及飞行的安全与稳定性，从而有效规避敌方的导弹防御系统。

以上基本代表了美苏的第四代和第五代战略核导弹，至第五代战略核导弹，美苏的战略核导弹已经实现了小型化、轻质化、高机动、强突防能力，具有公路机动、铁路机动、潜基发射等多种机动和发射方式，双方战略核导弹均拥有数千枚之多，成为战争的终极武器。

十大经典人物之五：尤里·谢苗诺维奇·索罗门诺夫

索罗门诺夫是科学技术博士（1988 年）、俄罗斯科学院院士（2006 年）。他于 1945 年 11 月 3 日出生，1969 年毕业于莫斯科航空学院后，在战略火箭军服役到 1971 年，此后在莫斯科热力工程技术研究所工作。1991～1995 年，他在莫斯科热力工程技术研究所担任副总设计师，1997～2009 年担任所长兼总设计师，现任总设计师。他先后参与研制"先锋"中程导弹、"白杨"和"白杨 M"洲际弹道导弹，领导研制"布拉瓦"潜射弹道导弹。他先后获得过"俄罗斯联邦英雄"称号、1 枚劳动红旗勋章、1 次苏联国家奖金等。

第三章

精确打击地地弹道导弹

我从不主张战争，除非为了和平。
——盖乌斯·尤利乌斯·凯撒

我们已经比较详细地介绍了美国和苏联战略核导弹的发展历程。一般来说，战略核导弹都是洲际导弹。读者可能会问，美苏最开始研制的不都是中短程导弹吗？美苏都没有继续发展中短程导弹吗？正如我们前面的介绍，美苏研制的第一枚导弹都是短程导弹，而且都搭载了核弹头。美苏最初的核对抗是以中短程导弹为主的，后来，美苏都发展出了自己的战略核导弹。美苏在大力发展战略核导弹的同时，并没有停止中短程导弹的研制，我们之所以没有对中短程导弹进行介绍，是因为美苏签订了《中导条约》。《中导条约》的核心内容就是双方同时销毁所有射程在 500～5500 千米的弹道导弹。因此，美苏都不再拥有中短程导弹。但是，中短程导弹并没有因为《中导条约》而销声匿迹，而是发展了新的技术途径，从而成为现代打击力量的重要手段。

弹道导弹是一种远程打击武器，射程最短的也有几百千米。战略核导弹装载的是核弹头。由于核弹威力巨大，战略核导弹不需要很高的精度，几百米的精度已经很高了。装载普通弹药的导弹叫常规导弹，第一款常规导弹是德国的 V-2 导弹。在第二次世界大战中，虽然 V-2 导弹横空出世，但是由于精度太差，打击效果并不好。因此，导弹武器特别是常规导弹必须提高打击精度，这就需要精确制导导弹。精确制导这个概念始于越南战争中美国的精确制导炸弹。后来，精确制导武器有了很大的发展，如空空导弹、空舰导弹、舰舰导弹等。但是，这些导弹仍然属于近战武器，而远程作战的弹道导弹如果能够精确制导，在几百千米外直接命中目标，那就是神兵天降了。下面，我们介绍其中的两个代表性"作品"。

一、俄罗斯"伊斯坎德尔"导弹

"伊斯坎德尔"导弹的前身是"奥卡"导弹（北约代号 SS-23）（图 3-1）。"奥卡"导弹是俄罗斯陆军装备的一款常规战术弹道导弹。这款导弹大名鼎鼎，令北约国家颇为忌惮。在阿富汗的反游击作战中，"奥卡"导弹取得了骇人战果，有时甚至代替战机实施"定点清除"，被阿富汗游击队称为"种族灭绝者"。它的巨大威力亦令美国感到震惊。更令美国及其他北约国家感到恐惧的是，该型导弹采用复合制导方式且配备电子对抗系统，其突防能力令美国当时尚处于研制试验阶段、直至 1985 年才装备部队的"爱国者"防空导弹自惭形秽，因而能突破拦截、打击美军部署在西欧境内的绝大多数重要目标。一时间，美国及其北约盟国谈"奥"色变。

图 3-1 "奥卡"导弹示意图

戈尔巴乔夫上台以后，为缓和美苏关系，苏联开始与美国进行军备裁减谈判。在中程导弹问题上，苏联一再作出令美国和西欧国家始料未及的重大让步，于 1987 年 2 月、4 月和 7 月相继提出"欧洲零点方案"、"欧洲双零点方案"和"全球零点方案"。美苏于

1987 年 12 月签订《中导条约》。据报道，在整个谈判过程中，美国坚持苏联必须将射程在 500～5500 千米的中程和中近程导弹全部销毁。理论上，有延伸到 500 千米空间的"奥卡"导弹也被美国列在销毁导弹之列。

苏联解体后，俄罗斯受到北约集团或明或暗的打压，安全形势日益恶化。1994 年，北约更是提出东扩计划。这大大刺激了俄罗斯敏感的神经。时任总统的叶利钦不得不做出反应，支持俄罗斯机械制造设计局复活"奥卡"导弹。研制队伍四处搜集流失的资料，走访曾参与过"奥卡"导弹研制的人员，逐渐复原出完整的设计图纸，最终于 1995 年 10 月 29 日在国防部国家中央靶场进行了首次飞行试验，于 1999 年在莫斯科航展上进行了展示。当时俄罗斯宣称，这是一种替换"飞毛腿 B"型弹道导弹、供 21 世纪使用的战术弹道导弹。为了吸引潜在的国外客户，该导弹武器系统以在中东、印度颇受尊崇的马其顿国王亚历山大大帝的阿拉伯语称呼"伊斯坎德尔"来命名。当然，"伊斯坎德尔"导弹（图 3-2）不是"奥卡"导弹的简单复制，而是采用了 20 世纪 80 年代以来的诸多高新技术，从而使其战术技术性能指标与"奥卡"导弹相比又有了进一步的提升。

图 3-2 "伊斯坎德尔"导弹示意图

"伊斯坎德尔"导弹为单级固体导弹，全程制导，导弹全长为7.2米，弹体最大直径为0.95米，起飞重量为3.8吨，有效载荷为380千克，采用车载机动发射方式。"伊斯坎德尔"导弹分两型——出口型"伊斯坎德尔-E"导弹和本国使用型"伊斯坎德尔-M"导弹。其中，"伊斯坎德尔-E"导弹的最大射程为280千米，最小射程为50千米；"伊斯坎德尔-M"导弹的最大射程可达到480千米，并且保留了增加射程的余地。

那么，这款"伊斯坎德尔"导弹究竟有多强大呢？

第一，制导精度高，毁伤威力强。"伊斯坎德尔"导弹采用惯性制导、卫星导航[全球定位系统（global positioning system，GPS）/全球导航卫星系统（global navigation satellite system，GLONASS）]和景象匹配制导等多种制导方式。当仅采用惯性制导方式时，导弹在射程为280千米时的圆概率偏差约为30米；当组合采用惯性制导与景象匹配制导时，导弹的圆概率偏差在理论上小于2米。实际上，在2007年5月的试验飞行中，导弹的命中偏差仅为1米。在火力上，"伊斯坎德尔"导弹配备集束式、穿甲式、破片杀伤式等多种类型的战斗部，可以打击不同类型的目标。俄方称，"伊斯坎德尔"导弹可以打击敌防空连、反导连发射阵地、机场、指挥部等典型目标。除此之外，俄军装备的"伊斯坎德尔"导弹系统发射车同时可以装载两枚导弹，在1分钟之内完成两枚导弹的发射（图3-3），分别打击两个不同的目标，这大大增加了导弹系统在实战中的火力突击能力。

第二，突防能力强。一是采用了隐身外形，"伊斯坎德尔"导弹不仅使用了特殊复合材料，而且在结构上进行了隐身设计，导弹的外形近似锥体，并且在起飞后迅速抛掉表面的突出部分，使弹体更

图 3-3 "伊斯坎德尔"导弹发射示意图

加浑圆，从而降低了导弹的雷达波反射面积，增加了雷达的探测难度。二是导弹具有机动能力，导弹的飞行高度基本在 50 千米以上，在飞行过程中通过气动力控制，可以实现多次变轨机动，并且导弹越接近目标，机动就越频繁。机动过载可达 20～30g，没有任何导弹可以拦截这么大的过载。可能有些读者会有疑问，空空导弹打飞机，飞机也极力变向机动，导弹不是也可以击中吗？确实如此，拦截机动目标，这个问题比较复杂，我们在这里就不展开了。简单来说，根据理论计算，如果要成功拦截机动目标，其自身的过载能力要达到被拦截目标过载的 3 倍才比较可靠。而"伊斯坎德尔"导弹具有强大的突防能力，俄方表示，"伊斯坎德尔"导弹的突防能力可与"白杨 M"洲际弹道导弹媲美，能穿透当今世界上任何一个导弹防御系统。

第三，反应速度快。"伊斯坎德尔"导弹武器系统可以直接通过空间、空中、地面侦察平台获取目标信息，并可在 10 秒内完成诸元装订、导弹飞行参数计算、导引头目标图形景象匹配等战前准备工作，甚至可以根据战地侦察兵的目标实地照片迅速实施打击，车载的两枚导弹的发射间隔不超过 1 分钟。发射车可以随机选择发射地点并自主确定所在位置的大地坐标，只需 3 个人便可完成发射操作。从展开设备到导弹发射仅需 4 分钟，即使在刚转移阵地、解除行军状态后，该系统也可以在 6 分钟内发射导弹。

第四，作战环境适应性强。"伊斯坎德尔"导弹武器系统对作战使用环境条件要求不高，导弹系统可在 ±50℃的气温范围内使用，在除沼泽地和流沙地以外的任何平地上，都可以实施发射。光学头部瞄准器几乎可以在强烈的电磁对抗、夜暗等所有可以想象的复杂环境条件下正常稳定工作，将导弹准确导向目标，从而保证导弹系统对多种类型的面目标和点目标实施有效毁伤。

"伊斯坎德尔"战役战术导弹系统于 2007 年 1 月装备了第一个导弹营，至 2010 年，完成组建了首个全部装备"伊斯坎德尔"的导弹旅。目前，远东、西伯利亚、伏尔加－乌拉尔和列宁格勒等军区建立了多个"伊斯坎德尔"导弹旅。"伊斯坎德尔"导弹在帮助俄罗斯树立军事外交强势地位方面发挥了重要作用。2008 年，美国试图在俄罗斯的周边国家波兰和捷克部署导弹防御系统，11 月 5 日，梅德韦杰夫在其国会咨文中宣布了俄罗斯对此的回应措施，其中第二项内容就是试射"伊斯坎德尔"导弹，并且准备在加里宁格勒州部署。此后，美俄双方经过多轮磋商，美国最终放弃了部署。此次事件充分体现了"伊斯坎德尔"导弹的重要作用：一是面对美国对俄罗斯的步步紧逼做出强势回应；二是向西方国家发出邀请，坐到谈判桌旁来解决与美国在东欧部署反导系统相关的所有问题；三是重树大国形象，向世人表明"任何国家都不能无视其存在"。

十大经典人物之六：浴火重生
——谢尔盖·帕夫洛维奇·涅波别季梅

涅波别季梅曾主持研制苏联的第三代地地战术导弹——SS-23，也就是大名鼎鼎的"奥卡"导弹。它在 20 世纪 80 年代开始服役，曾作为"飞毛腿"的替代品。然而好景不长，美苏于 1987 年签订了《中导条约》，"奥卡"导弹结束了它辉煌而短暂的一生，总设计师涅波别季梅因受刺激而住进医院 1 个月之久。苏联解体之后，俄罗斯受到西方世界不断打压，73 岁高龄的涅波别季梅临危受命，带领团队收集流失资料，走访导弹研制人员，最终于 1995 年 10 月 29 日在国防部国家中央靶场成功复活"奥卡"导弹，并命名为"伊斯坎德尔"。自此，"奥卡"导弹涅槃重生，并且其性能得到了进一步增强。颇具戏剧性的是，"涅波别季梅"在俄语中的意思正是"劫后余生，永不言败"。"奥卡"导弹与它的总设计师一样，非但没有被挫折击垮，反而在磨难中浴火重生。

二、美国 ATACMS

与"伊斯坎德尔"导弹相对应，美国方面也有一款强大的精确打击地地战术导弹系统，这就是大名鼎鼎的陆军战术导弹系统（army tactical missile system，ATACMS）（图 3-4）。它是美军第四代战术弹道导弹，一共有 4 个系列，可以装载多种类型的战斗部。ATACMS 的最大射程为 300 千米，可用于攻击敌战役纵深的装甲集群、后勤补给运输线、弹药库、导弹阵地、炮兵阵地、指挥通信中心、交通枢纽、机场、桥梁、港口等目标，是美国精确打击敌方纵深目标的主要火力支援武器。在过去 20 多年中，美国共生产多达 3700 枚 ATACMS。ATACMS 在海湾战争、阿富汗战争和伊拉克战争中取得了惊人的实战效果。例如，在海湾战争和伊拉克战争等战争中，美国使用约 560 枚该型导弹成功摧毁了敌方机场、防空系统及指挥中心等目标。

ATACMS 的代号是 MGM-140，最早于 1985 年开始研制，1991 年开始部署。ATACMS 为单级固体导弹，弹长为 3.96 米，弹径为 0.61 米，发射质量为 1530 千克。

图 3-4 ATACMS 示意图

ATACMS 弹体体积小，弹头质量占全弹质量比例高。也就是说，它的战斗部尺寸很大，毁伤效果很好，这一点在国外先进的战术弹道导弹中极为突出。由于 ATACMS 弹体较小，除采用履带式自行装弹/发射车 M270 贮存、发射外，还可以采用三轴六轮式发射车携载和发射导弹。美国陆军的 1 个 ATACMS 连共配备 9 辆 M270 发射车，连同作战人员和其他装备一起可以用 5 架 C-5 运输机运输，而轮式高机动性炮箭系统则可用 C-130 战术运输机运输到前沿机场，这就进一步提高了整个武器系统的机动性。

ATACMS 除采用数字式捷联惯性制导外，还采用中段指令制导和末制导方式，保证打击精度。导弹发射后，弹载雷达不断测量目标信号，并送到地面站处理，然后再由地面站发出指令控制导弹不断机动。当导弹到达目标上空时抛撒子弹头，子弹头采用双色红外导引头或毫米波导引头进行末制导，直至命中目标。

令人惊异的是，ATACMS 是一种战术地对地导弹与火箭弹一体化的武器系统，M270 发射车有两个并列相同的发射箱，一个可以发射 1 枚 ATACMS 的导弹，另一个则可以发射 6 枚火箭弹。利用导弹和火箭弹的不同射程和携带不同的子弹药，ATACMS 可以在同一时间打击不同距离和不同类型的目标，效费比非常高。

ATACMS 与其他武器发射平台的兼容性也非常好，在设计之初就参考了各军种的意见，设计人员提出了空射、海射和陆射方案，最终采用了 227 毫米多管火箭发射器发射的陆射方案。ATACMS 可以与技术已相当成熟的多管火箭弹系统结合，使地地战术导弹发射系统的一体化达到很高的程度（图 3-5）。此外，美国还对 ATACMS 的弹头进行了重点改进，装备了 GPS 制导等功能。这使该系列导弹不需要发展新型号就从第三代战术弹道导弹过渡到了第四代，性价

图 3-5　ATACMS 发射系统示意图

比非常高，并在战争中得到了实战检验。ATACMS 除可携带整体式弹头外，还可携带杀伤子母弹、智能反装甲子母弹及钻地弹头等，因而达到了一弹多能的效果。

1991 年，ATACMS 在第一次海湾战争中的表现让俄罗斯人为之一震。ATACMS 刚在 1990 年装备部队，就立即被部署到沙特阿拉伯 105 枚。在战争期间，美军共发射了 32 枚陆军战术导弹，主要打击地空导弹阵地、火箭炮连和炮兵连、后勤基地及运输队等目标。ATACMS 的精确打击效果让美国人十分满意。美国中央陆军司令部（United States Army Central，ARCENT）要求将所有能获得的陆军战术导弹都用于地面进攻。在美军 A-10 攻击机的飞行员用陆军战术导弹攻击某个防空阵地的请求发出后，导弹可在几分钟内作出反应并将目标摧毁。在一次远程攻击中，陆军战术导弹一次击毁了 200 多辆等待过桥的无装甲防护车辆，给伊军造成了重大伤亡。ATACMS 为美国陆军指挥官纵深作战提供了决定性的能力，连同多管火箭系统（multiple launch rocket system，MLRS）形如"钢雨"的作用，在现代和未来战场中共同确立了火力支援火箭和导弹系统的地位。

2003 年的伊拉克战争期间，在战争爆发一周后，美国遭遇了开战以来最大的考验。强烈的沙尘暴严重削弱了美国陆军航空兵和空军的空中打击能力，以光学成像制导和激光制导武器为主要武器的 AH-64 武装直升机、A-10 攻击机等战机无法对地面部队实施有效的支援。此外，伊拉克大量使用 GPS 干扰器，导致大量美军"战斧"巡航导弹和捷达姆联合制导弹药失去准头。

ATACMS 的第 2 炮兵营成为战场上唯一具有全天候纵深打击能力的部队。在沙尘暴期间，该营紧急出动，在 2 天内发射了 50 枚导弹，对伊拉克纵深的机场、后勤中心及各种战术目标进行了精确高效的打击，有效地支援了美军的地面战斗。在伊拉克战争中，美军发射了 114 枚陆军战术导弹，是海湾战争中的近 4 倍，主要用于压制防空系统。第 101 空中突击师师长在其现场简报中称："陆军战术导弹威力惊人，它们绝对能够摧毁我们希望其攻击的敌军目标。"远程精确打击武器充分展示了其在现代战争中的重要作用。

随着美军"反恐战争"的不断深入，远距离精确打击点状目标和时间敏感性目标成为美国 ATACMS 的作战重点。打击目标由过去按预定计划执行变为发现目标迅速打击。按网络中心战的要求，

ATACMS 将与自动化指挥系统（C4ISR 系统）[①]的各个环节紧密结合，形成一体化的 C4KISR（K 是英语单词 kill 的第一个字母）系统。通过 C4KISR 系统，ATACMS 能及时获取敌方目标的最新信息，接受己方最新作战指令或作战计划，并缩短发现、定位、跟踪、瞄准、交战和评估等步骤间的延迟时间，从而提高远距离实时精确打击能力，有效打击时间敏感性目标。2003 年 11 月 16 日，驻伊美军向伊拉克北部一处疑为反美武装据点的目标发射了一枚陆军战术导弹。导弹从巴格达郊外飞行 220 千米后，击中了基尔库克以西 25 千米处的一个前政权大型训练设施。由此可见，ATACMS 打击目标的灵活性已大大提高，重新确定目标和实施打击的时间大大缩短。美军不但注重在战争中使用战术弹道导弹，现在也开始注重在非战争行动中发挥其作用。

2016 年 3 月，美国洛·马公司启动了位于阿肯色州卡姆登的 ATACMS 生产线，开始生产升级改造的 ATACMS 导弹。新导弹的精确打击能力大幅提升，具有更大的作战灵活性和较低的成本。

三、十大经典之十：世界第一型分导多弹头导弹——"民兵 3"

20 世纪 60 年代初，美国提出了"打击军事目标"的核战略设想，即通过先发制人打击对方的核军事目标，一举彻底解除对方的核武装。按照这一设想，要打击苏联军事目标的数量远远超过了美

---

① 集成现代军事指挥系统中的 7 个子系统［指挥（command）、控制（control）、通信（communication）、计算机（computer）、情报（intelligence）、监视（surveillance）、侦察（reconnaissance）］功能的现代化军事通信指挥控制系统。

国可用的核导弹数量，于是美国专家提出了多弹头方案，让一枚导弹携带多个核弹头，以打击多个目标。虽然"打击军事目标"的核战略设想没有实施，但多弹头作为应对导弹防御系统的重要措施受到美国重视。

多弹头主要分为两种。一种是集束式多弹头，也称霰弹式多弹头。集束式多弹头被同时抛撒出去，每个子弹头依靠弹头母舱的弹射装置释放，所有子弹头沿着大致相同的弹道飞向目标。集束式多弹头通常用于打击面积较大的城市目标，不适于打击分散的不同目标。另一种是分导式多弹头，每个子弹头可以袭击不同目标，或者多个子弹头可以沿着不同弹道袭击同一个目标。分导式多弹头的母舱通常有较强的动力系统和制导系统，通过释放时间的间隔、飞行姿态等程序设定，控制不同子弹头的飞行目标。释放后，子弹头不单独制导，不再进行机动。

1964 年，美国"北极星 A3"潜射弹道导弹最早装备了集束式多弹头，但不能满足美国一枚导弹同时摧毁多个目标的要求。1966 年，美国开始启动"民兵 3"导弹研制，主承包商为波音公司。"民兵 3"导弹主要是在"民兵 2"导弹的基础上改进而来的，发展分导式多弹头。其中，导弹的第一级、第二级与"民兵 2"导弹完全相同，第三级做了较大改进，第三级的直径由 0.95 米增加到 1.32 米，装药量也相应增加，推力也随之增加，可运载更大载荷。

"民兵 3"导弹是世界上最早采用分导式弹头的洲际弹道导弹，最初采用 MK12 分导式弹头，每枚装备 3 个 17 万吨 TNT 当量的子弹头，之后采用改进后的 MK12A 分导式弹头，子弹头威力提高至 33.5 万吨 TNT 当量。2002 年，美国开始执行安全增强再入飞行器（Safety Enhanced Reentry Vehicle，SERV）计划，"民兵 3"导弹的所有 MK12 弹头和部分 MK12A 弹头采用退役的"和平卫士"导弹的 MK21 弹头。"民兵 3"导弹的末助推控制系统用于控制投放子弹头。第三级分离后不久，末助推控制系统开始工作，对母弹头的速度和方向进行修正，在大约 960 千米的高度，依次沿轴向投放子弹头。每次投放后，末助推控制系统使母弹头机动，改变弹道并调整速度和方向，再投放下一个子弹头。子弹头落地距离达 60～90 千米或更远一些。

"民兵 3"导弹弹长为 18.26 米，弹径为 1.67 米，起飞重量为 34.5 吨，最大射程在 9800～13 000 千米，命中精度为 120 米[4]。

第三代战略核导弹主要是美国的"民兵 3""海神""北极星"和苏联的 SS-18 等。由于反导系统的出现，第三代战略核导弹主要解决突防问题。无论是集束式弹头还是分导式弹头，其中一个非常重要的目的就是提高导弹的突防能力。实际上，自此之后，所有的战略核导弹都把突防能力放在十分重要的位置。

四、"大力神Ⅱ"型导弹

"大力神Ⅱ"型（LGM-25C）导弹（图 3-6）是美国洛克希德·马丁公司（主承包）研制的第二代洲际战略弹道导弹。作为当时最大的两级单弹头弹道导弹，该导弹最初是作为美国空军（美国国家航空航天局及美国国家大气和海洋管理局）的运载火箭，所发射的卫星包含美国空军防御气象卫星（DMSP）、RU6 美国国家大气和海洋管理局的大气卫星。"大力神Ⅱ"型导弹弹长 33.5 米，总质量 149.7 吨，采用液体燃料发动机，射程为 11 400 千米，弹头威力为 1000 万吨 TNT 当量。

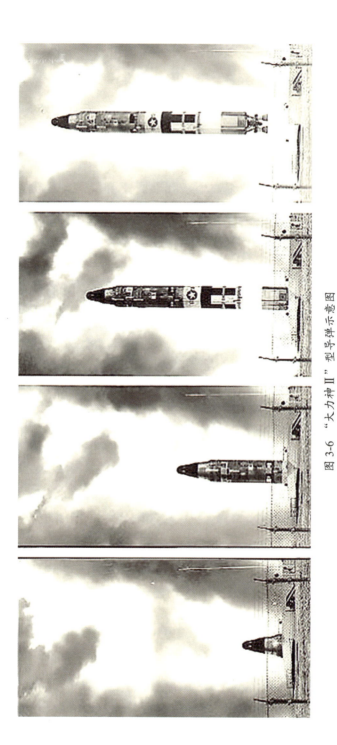

图 3-6 "大力神Ⅱ"型导弹示意图

"大力神Ⅱ"型导弹于 1960 年 6 月启动研制，1962 年 3 月 16 日首次试射成功，1963 年 12 月首次列装部署，1982 年 10 月开始执行退役计划，以每月一枚导弹的速度撤装，1987 年底全部退役。

十大经典人物之七：根·伯纳德·施里弗

施里弗于 1910 年 9 月 14 日生于德国不来梅，1917 年丧父后随母亲入境美国，1923 年加入美国籍。因酷爱航空事业，施里弗投军成为一名飞行员，于 1933 年获得翼形徽章。1942 年 6 月，施里弗获得斯坦福大学机械工程（航空）硕士学位，后参加第二次世界大战，在第 19 轰炸机大队执行过 63 次战斗任务。施里弗任美国空军系统司令部司令达 7 年之久，与当时富有传奇色彩的人物哈普·阿诺德及柯蒂斯·李梅将军齐名。施里弗因在美国历史上率先带头组织研制导弹，并取得"八年四弹"的巨大成就，而被誉为"美国战略核导弹之父"。1955～1962 年，施里弗领导美国著名的弹道导弹研发机构——西部发展处，在 8 年内研制出 4 种完整的战略核导弹系统，即"宇宙神""雷神""大力神""民兵"。"宇宙神"是美军首型服役的洲际弹道导弹，1957 年首次发射，1959～1965 年服役，后发展为美国三大著名运载火箭之一——"宇宙神"运载火箭。"雷神"作为美军洲际弹道导弹火力打击的补充，射程仅为 3000 千米，1955 年底开始研制，1959～1963 年主要部署于英国，退役后发展成多型运载火箭，其中最著名的是"德尔塔"运载火箭。"大力神"和"民兵"则成为"十大经典导弹"的代表，在本书中有专门章节提到。施里弗在领导美军战略核导弹研制及担任美国空军系统司令部司令期间，对美国乃至全世界的管理科学作出了杰出贡献。是他，倡导成立西部发展处和美国空军系统司令部，强力推动了美军战略核导弹的研制进程；是他，坚持导弹甚至美国空军所有武器系统技术性能优良的质量标准及低成本的要求，有效保证了美国空军武器系统又"好"又"省"地发展；是他，主持了"计划预测"的拟定工作，对美国制订超级大国发展规划起到了重要作用；是他，提倡整体调控与个别指导相结合的工作方法，保障了各项武器研制计划的巨大成功。

五、精确制导导弹发展趋势

自 20 世纪 40 年代诞生以来，精确制导武器随着高新技术的发展和战争的需求，在命中精度、制导方式、射程等方面取得了飞速发展。精确制导技术是精确制导武器的技术核心，也是目前国内外制导技术发展的热点之一，一般是指采用各种探测方法的末制导技术。它正向着智能化、微型化和多模化法方向发展。目前，精确制导技术主要以红外成像制导、微波（厘米波和分米波）制导、毫米波制导、多模复合制导、激光制导及智能化信息处理技术为主要发展方向。这些技术可以支持精确制导武器远距离作战、全天时作战和复杂战场环境下作战。

从国外众多的精确制导导弹型号的研制过程来看，未来的精确制导导弹具有高精度、远距离、强突防、高生存、高可靠和低成本的特点。随着现代化战争中作战双方的侦察能力、进攻能力及防卫能力的不断发展，精确制导技术必然成为新一代精确制导武器发展的热点。特别是，复合制导技术已成为必然的发展途径。精确制导导弹在未来现代化战争中将占有重要地位，在打击地面重要目标、海上舰船目标、空中重要运动目标（如预警机）中将发挥极为重要的作用。

（一）陆基反辐射弹道导弹

雷达被誉为现代高技术战场的"千里眼"，当代各种高技术装备作战效能的发挥、战场的监视与警戒、联合作战的联络和指挥都离不开雷达。因此，在信息化战争条件下，对雷达的摧毁和反摧毁成为作战双方争夺信息权的重要作战行动，决定着电子战的成败，是关系战局胜负的关键一环。竞相发展的反雷达武器已成为提高军队电子战能力、实现武器装备跨越式发展的重要环节。反辐射弹道导弹利用敌方雷达辐射的电磁波进行引导并攻击雷达及其载体，因其命中精度极高，被公认是雷达的"克星"。反辐射弹道导弹的出现为夺取战场电磁优势、充分发挥武器装备效能提供了有力保障。全球发生的几场局部战争（特别是海湾战争、科索沃战争和伊拉克战争）表明，战争初期使用反辐射弹道导弹摧毁敌方雷达夺取制电磁权，进而夺取制空权和制海权，已经成为现代化战争的通用模式。

（二）反预警机弹道导弹

空中预警机已由早期仅有的监视、预警功能发展成兼备监视、跟踪、指挥、控制功能的完善系统，成为 C4ISR 系统的重要一环，成为及时且迅速获得有关战场态势并据此做出正确决策的不可缺少的关键系统。对于反预警机弹道导弹精打武器的发展，有学者指出，地空导弹与弹道导弹的技术融合正在促使这两类导弹产生突破性的发展[5]。融合弹道导弹射程远、空空导弹对高速机动目标精确打击的特点，采用精确制导弹道导弹攻击预警机便具备了可行性。

（三）精确制导弹道导弹

精确制导弹道导弹在集成弹道导弹基本特性的基础上，增加了以下两个功能。一是弹道中段变轨功能，即增加变轨发动机，在外层弹道中段可以改变导弹飞行轨迹，使导弹具有机动再入能力。二是末段精确制导功能，即增加导弹末制导，采用毫米波雷达、红外焦平面成像、反辐射雷达或两种以上组成的复合末制导导引头，当导弹机动再入飞临目标上空时，末制导系统开始搜索目标，锁定跟踪目标后，以较高马赫数的速度灌顶飞向目标。

导弹武器的精确打击能力得益于迅速发展起来的电子信息技术。精确制导弹道导弹也是逐步发展起来的，从开始可以打击固定目标，到可以打击慢速移动目标、快速移动目标。那么，可以发展出打击高速移动目标的导弹吗？

十大启示之八：需求牵引、技术驱动

战术导弹武器技术的发展应通过需求牵引、技术驱动双线耦合方法，将"被动追赶"与"主动探索"两种发展模式相结合。对标强敌威胁，梳理应对强敌、消除威胁所需的能力，明确军事需求的基线；对标自身能力，推动发展理念由单件武器对抗转向系统与体系的对抗，由提高单个武器型号性能转向提高整体作战能力，不断弥补体系缺陷，并通过装备发展的途径去解决现有体系的缺陷。两种发展路线相互耦合，使战术导弹武器发展需求分析更加全面，发展路线更加清晰，发展规划更加科学。

第四章
反导的由来

火箭不会因为你的眼泪而改变轨道。
　　　　　　　　　——谢尔盖·科罗廖夫

一、子弹打子弹

1991 年，电视在中国已经相当普及，人们每天都会习惯性地打开电视观看《新闻联播》。在 1 月 18 日这一天的《新闻联播》中，人们看到了这样一幅画面。在黑暗的夜空中，有一个忽闪忽暗的光斑向上爬升；猛然间，光斑的终点处喷发了一团火球；紧接着，火球周围飞星四射，划过夜空，飞星渐渐黯淡归于寂静；片刻，又有光斑爬升，又是飞星四射。其实，如果单从场景来看，这个场面远没有我们看到的国庆礼花那么壮观，但是解说画面的播音员却是这样说的：美国的"爱国者"导弹击落了伊拉克发射的"飞毛腿"导弹。当时，对于从事导弹研制的中国科技人员而言，这条消息坦率地说相当震撼，他们目睹了"子弹打子弹"这一不可思议的场景。相信对于全世界从事导弹研制的人员而言，这一场景都会是极大的震撼。我们现在已经知道，那个爬升的光斑是"爱国者"导弹。由于拍摄的距离很远，所以"爱国者"导弹上升时的助推喷焰在摄影机的镜头里成为一个光点或光斑，"爱国者"导弹直接撞击到"飞毛腿"导弹时，两个高速运动的物体碰撞导致了高温火球，碰撞碎片飞星四射。

我们知道，自 V-2 导弹以来，没有有效的防御措施可以防御导弹，导弹可以肆意攻击任何目标。怎么仿佛一夜之间导弹可以像飞机那样被击落了，而且是动能拦截直接碰撞方式。这个"爱国者"导弹是怎么回事，怎么就可以击落导弹呢？

二、从"星球大战"说起

冷战时期，美苏两国都拥有大量的战略核导弹，双方总体力量处于均势。为了谋求战略优势，美国一方面与苏联进行削减战略进攻性武器谈判，一方面开始考虑发展更加先进的反导弹技术与武器系统。于是在 20 世纪 80 年代，美国里根政府提出了战略防御倡议（Strategic Defense Initiative，SDI）计划，也叫"星球大战"计划。SDI 计划打算建立的是一个针对大规模弹道导弹攻击能够实施全面防御的系统，要求能够防御苏联大规模弹道导弹攻击，规模大到什么程度呢？这个是有数字的，具体来说，来袭弹道导弹的弹头数量为上万个。所以在政策上，美国是要以"相互确保生存"的防御系统取代"相互确保摧毁"的核威慑力量。为摧毁如此大规模的核弹头，SDI 计划的规模十分庞大，它凭借什么来摧毁来袭弹头呢？美国当时计划发展两类武器：一类是天基激光、粒子束这种定向能武器；另一类叫"智能卵石"，就是天基动能拦截弹。

由于耗资十分庞大，1987 年，美国对 SDI 计划做出重大调整，提出首先重点发展只采用天基激光和地基动能拦截弹的"第一阶段防御系统"，用以对付苏联规模略小的大规模弹道导弹攻击，把来袭弹道导弹的弹头数量缩小为 4700 个，并且只要求能够拦截 30% 的来袭弹头，把它作为增强核威慑的一种手段。

1991 年随着苏联解体，冷战结束，美国面临的核威胁压力大为减少，而海湾战争的爆发使得美国开始重视来自第三世界的弹道导弹威胁。布什政府再次对 SDI 计划进行了调整，并提出了防御有限攻击的全球保护（Ground Protection Against Limited Strike，GPALS）计划。该系统实际上是规模大幅缩小的"第一阶段防御系统"加上战区导弹防御系统，由 1000 枚天基动能拦截弹组成的天基防御系统、750 枚地基动能拦截弹组成的"有限地基防御系统"和包括改进的"爱国者"导弹防御系统在内的战区导弹防御系统等组成，只要求能够防御来自任何方向的有限数量的弹道导弹攻击，来袭目标的数量不超过 200 个。

SDI 计划从头至尾实际上并没有真正实施，这主要有两个原因：以激光武器为例，一是技术还不成熟，美国当时还无法造出能够摧毁弹头的激光武器；二是经费非常庞大，天基激光按照方案准备低轨部署，而低轨运行需要不断维护，成本很高。

1993 年，克林顿就任美国总统后宣布结束 SDI 计划，把 SDI 计划改为"弹道导弹防御"（Ballistic Missile Defense，BMD）计划。BMD 计划包括战区导弹防御（Theatre Missile Defense，TMD）、国家导弹防御（National Missile Defense，NMD）和先进的弹道导弹防御技术。NMD 旨在保护美国免遭有限的、偶然的或未经授权的洲际弹道导弹袭击，TMD 保护部署在海外的军队、军事设施和基础设施免遭射程 3000 千米以下的导弹袭击。

在克林顿执政时期，美国的导弹防御政策经历了三个阶段的变化。第一阶段将发展 TMD 作为重点，放在第一位；将 NMD 作为一项"技术准备"计划，放在第二位。研究的重点也从 20 世纪 80 年代强调发展以天基导弹防御系统为主，改为发展地基辅以海基和天基的导弹防御系统。在第二阶段，克林顿在 1996 年初将 NMD 由"技术准备"改为"部署准备计划"，并为此制定了"3+3"计划，即先用 3 年的时间发展 NMD 所需的各种技术，并在 1999 年进行系统综合试验。如果届时决定部署，在随后的 3 年时间里，美国将具有随时部署 NMD 的能力。在第三阶段，1999 年以后，部署的准备更加紧锣密鼓，1 月，美国国防部部长科恩宣布，美国将加速发展 NMD 和 TMD；3 月，美国国会以压倒多数票通过部署 NMD 的议案，导弹防御系统的研发由此进入实质阶段。

小布什入主白宫后，开始奉行"单边主义"，更加强调导弹防御在美国军事战略中的重要作用，将研制与部署弹道导弹防御系统作为美国谋求"绝对安全"和巩固"一超独霸"地位的重要步骤和手段。

小布什政府首先对美国军事战略进行了重大调整。2001年9月，美国国防部向国会提交的新版《四年一度防务评审》，突出"以能力为基础"和"多层面威慑"的概念，主张既要发展强大的进攻能力，又要发展有效的防御能力，包括有效的空间防御系统和导弹防御系统，并把导弹防御确定为重点领域之一。

2002年1月，美国出台了《核态势评估报告》，强调加强核力量的灵活性和适应性，并提出建立由核与非核相结合的进攻性打击系统、主动与被动的防御系统及具有灵活反应能力的国防基础设施组成的新的"三位一体"战略力量，把防御力量作为新"三位一体"中的重要组成部分。该报告突破了克林顿政府对导弹防御系统设定的规模和目标。在导弹防御系统部署的问题上，小布什政府不要求一开始就部署一个完整的系统，而且并不强调其完整性，要先解决有无问题，先部分、后整合，成熟多少部署多少。

2003年5月，小布什政府公布了最新的导弹防御国家政策。报告认为，调整美国的国防能力和威慑能力以应对不断出现的威胁，仍然是美国政府的一个首要任务，而部署导弹防御系统则是这项任务的重要组成部分。美国计划在2004年部署一套导弹防御系统，以此为起点，部署性能更高的导弹防御系统，不断扩展导弹防御能力，寻求采用渐进式的途径研制和部署导弹防御系统。

之后，小布什政府退出反导条约，扫除政治障碍。2002年6月，美国正式退出《限制反弹道导弹系统条约》。该条约明确规定只允许美国与俄罗斯部署保护各自局部地区的有限的反弹道导弹系统；禁止部署保护各自全国范围的防御系统，也禁止为发展全国范围内的防御系统提供基础。小布什政府为发展陆、海、空、天多层全球防御系统，从根本上否定了《限制反弹道导弹系统条约》的作用，视其为冷战产物。美国退出《限制反弹道导弹系统条约》，解除了在海上、空间部署反导系统及地基防御方面的诸多限制，从而为研制和部署导弹防御系统扫清了政治障碍。

最后，小布什政府不再区分 NMD 和 TMD，统称"导弹防御"（Missile Defense，MD），全面研制助推段防御系统、中段防御系统和末段防御系统。在系统结构上，建立一个可对来袭导弹实施分层拦截的综合导弹防御系统。在规模上，摆脱了《限制反弹道导弹系统条约》的限制，陆、海、空、天系统都是可选方案，事实上将有限的系统改为无限的系统。在目标上，不再把导弹防御系统的任务局限于对付有限数量的、具有简单诱饵的来袭导弹。

导弹防御强调美国发展的弹道导弹防御系统既保护美国自己，也保护美国盟国，争取盟国对美国发展战略防御系统的支持。更重要的是，它打破了 TMD 与 NMD 的界限，取消了对 TMD 技术性能的限制，从而利用原来的 TMD 系统发展防御战略核导弹的能力。

美国导弹防御局局长卡迪什认为，国家导弹防御与战区导弹防御的区分在 10 年前是有意义的，当时面对着截然不同的威胁——苏联的洲际弹道导弹威胁和伊拉克的"飞毛腿"导弹威胁。现在，情况不再是那样了。同样瞄准日本的朝鲜导弹，不仅是对美国的战区威胁，可能也是对美国盟国的国家威胁。除非这些导弹不瞄准美国，否则还会成为对美国的威胁。而且，在某个时候，如果近程导弹从美国的沿海外发射，也可能威胁到美国本土，就像洲际弹道导弹可以威胁到美国本土一样。

根据这样的调整，美国国防部为导弹防御计划确定了 4 个优先的重点：①保卫美国免遭有限的导弹攻击，也保卫美国部署的军队、盟国和友邦；②利用导弹防御系统实施多层防御，拦截在各个飞行阶段、各种射程的导弹；③让各军种能够尽快部署导弹防御系统中的各组成部分；④研制和试验相关技术，利用样机提供初始的防御能力，并在需要加速导弹防御能力的时候，通过嵌入新技术提高已部署能力的有效性。

奥巴马政府上台后，更加注重系统的灵活性，对一些技术不太成熟或效费比不高的项目进行了终止或经费消减，同时加大了对技术成熟、部署灵活、发展潜力较大的项目的支持力度。2013 年 3 月 15 日，美国宣布了强化导弹防御的 4 项新举措。此外，美国大力推进导弹防御的国际合作，开展美日、美以、美欧和美澳等导弹防御合作，初步建立起全球化的导弹防御体系。

三、反导是如何实现的

我们先来说一下"爱国者"导弹是如何拦截"飞毛腿"导弹的。"飞毛腿"导弹发射飞出大气层后，装有红外探测器的卫星会探测到火箭发射的尾焰及助推关机的数据，并将数据下传到北美防空司令部（即指挥中心）。指挥中心通过数据分析，获得精确计算的导弹停火后飞行轨迹等弹道数据。然后，指挥中心将数据传送至战区指挥中心，战区指挥中心再将数据传给"爱国者"导弹阵地。"爱国者"导弹实际上是一个导弹系统，有指挥车、发射车及雷达系统。指挥车收到指令后，雷达系统根据数据对目标进行搜索、跟踪，完成搜索和跟踪后，指挥车就可以分派导弹进行拦截，以摧毁目标。

知道了"爱国者"导弹是如何拦截"飞毛腿"导弹后，对于反导系统如何反导也就不难理解了。我们已经知道了SDI计划以来美国导弹防御系统发展的过程，但是对于导弹防御系统本身，读者可能不完全了解，下面为读者做比较详细的介绍。

美国导弹防御系统（图4-1）主要由探测系统，指挥、控制、作战管理和通信系统（command and control, battle management, and communications，C2BMC），以及拦截系统等组成。

探测系统包括国防支援计划（Defense Support Program，DSP）卫星、天基红外探测系统（Space-based Infrared System，SBIRS）和空间跟踪与监视系统（Space Tracking and Surveillance System，STSS）等天基红外探测系统，早期预警雷达（Upgraded Early Warning Radar，UEWR）系统，海基X波段作战指挥雷达系统等。DSP卫星位于36 000千米高度的地球同步静止轨道。由于高度很高，探测范围可以覆盖很大的区域，DSP卫星负责探测导弹的助推尾焰。我们都看过火箭发射的画面。火箭在发射时会喷出长长的火焰，DSP卫星探测的就是这个。一般来说，当火箭飞出稠密的大气层后，DSP卫星就能够看到了。DSP卫星的探测一直持续到导弹助推段关机。由于DSP卫星的技术已经相对落后，工作年限也比较长，美国发射了更为先进的SBIRS卫星逐步取代DSP卫星。

UEWR一共有5部，分别部署在美国本土和世界其他地区，此外，还有一部"丹麦眼镜蛇"雷达也可以起到UEWR的作用。由于DSP卫星只能探测到导弹的关机点，因此后续的探测就由UEWR完成。UEWR系统的任务主要是对目标进行搜索，一旦搜索到目标后就转入跟踪模式。UEWR系统可以边搜索边跟踪。UEWR是P

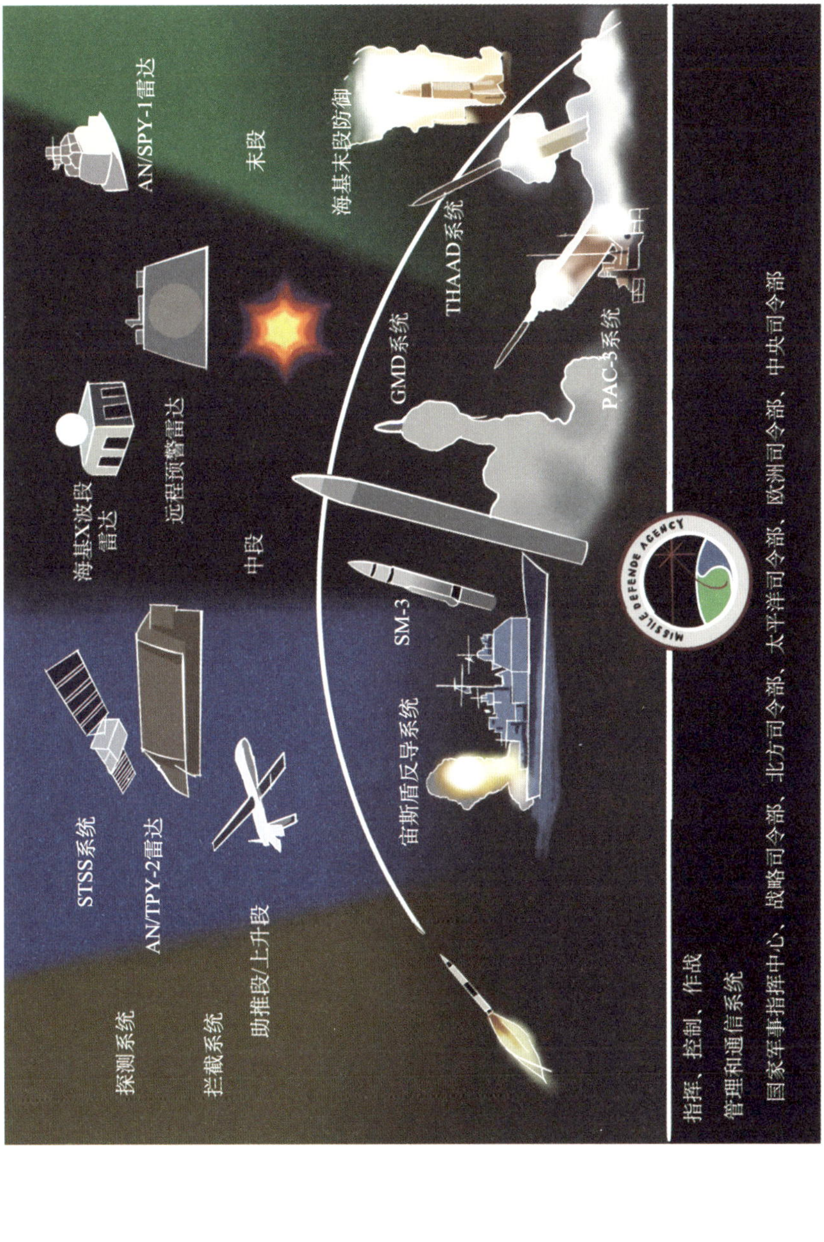

图 4-1 美国导弹防御系统示意图

STSS系统

AN/TPY-2雷达

海基X波段雷达

远程预警雷达

AN/SPY-1雷达

探测系统

拦截系统

宙斯盾反导系统

SM-3

GMD系统

THAAD系统

PAC-3系统

海基末段防御

助推段上升段

中段

末段

指挥、控制、作战管理和通信系统

国家军事指挥中心、战略司令部、北方司令部、太平洋司令部、欧洲司令部、中央司令部

MISSILE DEFENSE AGENCY

波段雷达，精度比较差，对目标更为精确的跟踪由作战指挥雷达完成。海基 X 波段雷达是一部作战指挥雷达，其功能十分强大。作战指挥雷达首先也要对目标进行搜索，搜索到目标后进行跟踪，海基 X 波段雷达可以同时对成百上千个目标进行搜索和跟踪。由于海基 X 波段雷达的精度很高，因此可以根据跟踪到的数据推算出目标的弹道（专业术语叫弹道预报），准确得知目标的弹道，对于拦截目标无疑非常有利。作战指挥雷达的另一个强大功能是可以对目标进行识别。我们在以核反导时曾谈到过识别，为什么那时的作战指挥雷达很难进行目标识别呢？这是因为那时的作战指挥雷达是 P 波段雷达，雷达的波长为 10 米，这就好比一把尺子，尺子的最小刻度就是 10 米，如果测量一个物体，可以量出这个物体是 20 米、30 米，但是 20.3 米就量不出来了；如果一个物体小于 10 米，也就是小于最小刻度，也量不出来。对于所有小于 10 米的物体，这把尺子量不出物体的大小，而弹头和诱饵都小于 10 米的长度，那么它们就无法识别了吗？当然可以识别，这就要通过目标的雷达散射截面（radar cross section，RCS）来进行识别，这里就不再展开了。X 波段雷达的波长是多少呢？它的波长是厘米级，这把尺子的精度就高多了，如果两个物体相差若干厘米，就可以被区分。X 波段雷达能够量出物体长短的这个功能叫"成像"。也就是说，X 波段雷达可以进行成像识别。所以，对于反导系统而言，识别能力大大提高了。X 波段雷达还能够进行杀伤评估，就是对于被击中目标的破坏效果进行评估，这个功能的作用是如果目标没有被有效杀伤，指挥控制系统可以安排二次拦截。作战指挥雷达还有一项功能就是为拦截弹提供导引信息，主要是在拦截弹的拦截过程中为拦截弹的中制导提供导引信息。

　　不知道读者是否注意到，我们在介绍天基探测系统的时候并没有介绍 STSS 卫星。之所以这样，是因为在了解了作战指挥雷达的作用后再介绍 STSS 卫星会更好理解。STSS 卫星是低轨卫星，主要任务是探测和跟踪弹道飞行中段的目标，中段的目标的探测不是由预警雷达和作战指挥雷达完成吗？没错，但是雷达探测受部署位置的限制，可探测的范围受限，而 STSS 卫星是以组网的方式进行探测，探测范围就要大很多。而且，STSS 卫星的探测精度非常高，甚至可以为拦截弹提供导引信息，STSS 卫星一般是多颗部署。

　　C2BMC 系统主要完成反导系统资源的调用、任务的分配和作战指令的下达等。指控系统对信息进行收集、处理和分析，进行资源调度和任务分发，并制定策略，一旦决策就将指令下达给地区级指控系统，地区级指控系统再将指令传达至作战单元。

　　最后介绍拦截系统。拦截系统实际上包含若干个系统，主要是地基中段防御（ground-based midcourse defense，GMD）系统、海基中段拦截系统、末段高空区域防御系统（terminal high altitude area defense，THAAD）和末端低空区域拦截系统"爱国者 3"（patriot advanced capability-3，PAC-3）。

　　GMD 主要是部署在阿拉斯加的地基拦截弹，地基拦截弹采用地下井发射方式，对飞行中段的洲际弹道导弹进行拦截。美国反导系统的拦截弹均采用动能拦截、直接碰撞的杀伤方式。海基中段拦截系统实际上就是"宙斯盾"舰，"宙斯盾"舰有舰载雷达，这是一部相控阵作战指挥雷达。同时，舰上还装有多枚"标准 3"拦截弹，"标准 3"拦截弹有多个型号，可以在中远程导弹中段大气层外进行拦截，也可以拦截洲际弹道导弹。"宙斯盾"舰的特点是部署灵活，可以根据需要部署于相应的区域。拦截中远程导弹的是 THAAD。

THAAD 是用于拦截中近程导弹末端高层的装备，也有发射车、指挥车和雷达，但是 THAAD 的雷达比"爱国者"的雷达更强大，探测距离更远。美国部署在韩国的雷达就是 THAAD 雷达的改进型。海湾战争拦截"飞毛腿"导弹的"爱国者"导弹的型号是 PAC-2，现在已经被更先进的 PAC-3 取代，PAC-3 是用于拦截中近程导弹末端低层的装备。

四、弹道导弹有大麻烦了

回顾导弹武器的发展历程可以发现，自 V-2 导弹以来，导弹武器还没有遇到能够抵御它的对手，其主要原因是技术上没有摧毁如此高速运动物体的方法。其间虽然有过以核反导系统，但以核反导依靠的是核爆炸大范围杀伤的方式，以核反导的自身也是核爆，代价很大，而且没有经过实战的检验。

随着技术的不断发展，特别是先进制导理论、探测技术、导引头技术、精确末制导技术的不断进步，逐步使实现从打击固定目标、打击慢速移动目标，最终到打击高速移动目标成为可能。实际上，打击弹道导弹这类高速移动目标也经过了好几个步骤，是从理论、数字仿真、半实物仿真到飞行试验一步步走过来的。实践中也经历了几个阶段，比如我们看到的海湾战争还不是真正意义上的"子弹打子弹"，因为当时的"爱国者"（PAC-2）导弹采用的是破片杀伤战斗部。也就是说，当"爱国者"导弹接近目标时，会引爆其战斗部，从而产生一定数量的破片。这些碎片会以一定的散布范围撞向目标，通过增加碎片的数量来增大毁伤目标的概率。之后，随着技术的进步，PAC-3 可以直接碰撞目标了。但是，PAC-3 还是采用了杀伤增强战斗部。这是什么意思呢?即当 PAC-3 接近目标时,会在头部展开一个类似"伞"的结构,用以增加与目标的碰撞面积。当然,现在都不需要了,因为 PAC-3 已经能够做到直接碰撞了。总之,导弹武器终于有了真正的对手——拦截弹。

实际上,导弹武器面临的不仅仅是某个拦截弹对手,而是一个体系、一个反导系统。美国建立导弹防御系统,按照美国自己的说法就是弹道导弹可探测、可预报、可拦截。美国导弹防御系统已经呈现全球化部署的态势,形成了全球化的指挥通信信息网络和高中低多层拦截体系。弹道导弹受到了极大的威胁,面临前所未有的挑战,导弹武器何去何从,战略核导弹作为终极武器的时代结束了吗?

第五章
铁胆铸剑

导弹是国之重器，必须自力更生，自主创新。
——黄纬禄

　　我国是继美苏之后，最早掌握弹道导弹技术、拥有战略核武器的国家之一，战略核武器已经成为捍卫国家安全的基石。但是，我国弹道导弹的发展经历了异常艰辛的发展过程，走出了一条独立自主的发展道路，积极探索，勇于创新，追求卓越。

一、艰难的起步

　　1956 年 2 月 16 日，国务院总理周恩来会见了 1955 年 9 月 17 日由美国启程返回中国的著名科学家钱学森。受周恩来总理的委托，钱学森随即起草了《建立我国国防航空工业意见书》，并提出了我国"国防航空工业"的组织草案、发展计划和具体实施步骤等。为了保密，采用"国防航空工业"一词代表火箭、导弹工业。1956 年 10 月 8 日，国防部第五研究院成立，由钱学森担任院长。

　　我国的第一枚导弹是基于 P-2 导弹进行仿制而成的。1958 年 5 月 29 日，聂荣臻来到国防部第五研究院正式下达了 P-2 导弹的仿制任务，导弹的正式名称为"1059"。实际上，对苏联导弹的仿制工作早在 P-1 导弹样品 1956 年底运至国防部第五研究院时就已经开始了，到 1957 年春，科研人员已经基本摸清了 P-1 导弹的结构、元器件组成及所使用的材料等。通过对 P-1 导弹的"反设计"，国防部第五研究院的科研人员对导弹的认识有了一次质的飞跃，为 P-2 导弹的成功仿制奠定了良好的基础。

　　在如何对 P-2 导弹进行仿制的问题上出现了两种意见。一种意见主张向苏联订购散装件和材料进行组装，然后在国内试制一些材料、元器件进行替代，逐步提高国产化率，这样既练了兵，又为国产化试制争取了时间。另一种意见则认为，我国的工业生产大多采用苏联的技术标准，P-2导弹的很多材料、元器件都能在国内生产，而对于那些还不能在国内生产的材料、元器件，通过添置和改造一些设备后，也能很快实现国内生产。所以，向国外订购一些材料、元器件是必要的，但无须成套外购，这将有利于今后导弹的自行设计并提升我国工业生产的技术水平。经过充分讨论，国防部第五研究院的领导最终统一认识，决定迎难而上，开展全国大协作，以提高国产化率。

苏联提供的图纸、技术条件、工艺规程、工装磨具等图纸资料有近1万册，但其中的一些图纸资料有所短缺。虽然所短缺的这些资料是局部的，但导弹是一个完整的系统，缺哪一部分都不行。因此，科研人员通过测试样机，绘制结构图和原理图，然后再进行设计计算，设计出完整的图纸。像发动机试车台这样的设备，不仅技术资料不全，连样机也没有，中国的科研人员依靠自己，走出了自力更生之路[6]。

中苏关系破裂后，1960年7月16日至9月1日，苏联撤走了全部的在华专家，停止了设备、部件的发送。至此，中国开始了完全自力更生的研制模式。在全国各行各业的大力支持下，1960年3月21日，国防部第五研究院使用苏联专家认为有可能爆炸的国产酒精，成功进行了导弹发动机初级点火试验。11月5日上午9时2分28秒，"1059"导弹在酒泉基地腾空而起，7分钟后，准确命中550千米外的目标区；12月，"1059"又分别进行了两次发射试验，均获成功。至此，中国已经初步掌握了导弹制造技术，进一步坚定了依靠自身发展导弹事业的信心。

十大经典人物之八：钱学森

1911年12月11日，钱学森出生于中国上海，祖籍浙江杭州，为中美两国的导弹和航天计划都作出过重大贡献。钱学森是人类航天科技的重要开创者和主要奠基人之一，是航空领域的世界级权威、空气动力学学科的第三代执旗人，是工程控制论的创始人，是20世纪应用数学和应用力学领域的领袖人物，是20世纪世界应用科学领域最为杰出的科学家之一。

钱学森在20世纪40年代就已经成为与其恩师西奥多·冯·卡门（Theodore von Kármán）并驾齐驱的世界航空航天领域内的代表人物，并以《工程控制论》的出版为标志在学术成就上实质性地超越了科学巨匠冯·卡门，成为20世纪众多学科领域的科学群星中极少数的巨星之一。钱学森也是为新中国的成长作出巨大贡献的、功勋最为卓著的杰出代表人物，是新中国爱国留学归国人员中最具代表性的国家建设者，是新中国历史上伟大的科学家，被誉为"中国航天之父""中国导弹之父""火箭之王""中国自动化控制之父"。国务院、中央军委授予其"国家杰出贡献科学家"荣誉称号。并且，他还荣获中共中央、国务院、中央军委颁发的"两弹一星功勋奖章"。

钱学森是中国共产党党员，是中国科学院院士、中国工程院院士，应用力学、工程控制论、系统工程科学家，空气动力学家。1934年，他毕业于上海交通大学，1935年赴美国麻省理工学院留学，后进入加州理工学院学习，获得航空、数学博士学位。1955年回国后，他历任中国科学院力学研究所所长，国防部第五研究院院长，七机部副部长，国防科委副主任，国防科工委科技委副主任，第三届中国科协主席，第六～第八届全国政协副主席，中共第九至十二届中央委员会候补委员。他是工程控制论的创始人，被称为中国近代力学和系统工程理论与应用研究的奠基人；同时，他是人类航天科技的重要开创者和主要奠基人之一，也是中国航天事业的奠基人。1956年，他提出了《建立我国国防航空工业意见书》，最先为中国火箭导弹技术的发展提出了极为重要的实施方案。他协助周恩来、聂荣臻筹备组建火箭导弹研制机构——国防部第五研究院。此后，他长期担任我国火箭导弹和航天器研制的技术领导职务，凭借自己在总体、动力、制导、气动力、结构、材料、计算机、质量控制和科技管理等领域的丰富知识，为中国火箭导弹和航天事业的创建与发展作出了杰出的贡献。1957年，他荣获中国科学院自然科学奖一等奖；同年，当选为中国科学院学部委员（院士）；1985年，荣获国家科学技术进步奖特等奖；1991年，被国务院、中央军委授予"国家杰出贡献科学家"荣誉称号和一级英雄模范奖章；1994年，当选中国工程院院士；1995年1月，荣获首届（1994年度）何梁何利基金优秀奖（现何梁何利基金科学与技术成就奖）；1999年，荣获中共中央、国务院、中央军委颁发的"两弹一星功勋奖章"；2001年8月，荣获国际天文组织小行星命名；2008年2月，被评为"感动中国2007年度人物"；2009年，当选"100位新中国成立以来感动中国人物"。

二、破茧而出

在P-2导弹的仿制接近尾声时，科研人员发现"1059"的推力和射程还有潜力可挖，通过提高燃烧室的压力，可以进一步提高发动机的推力，将导弹的射程由550千米提高到1000千米。于是，国防部第五研究院建议充分利用 P-2 导弹的仿制成果，研制出一种射程达 1000 千米的中近程导弹。经聂荣臻元帅的批准，1960 年 7 月，"东风二号"导弹的研制正式拉开了序幕。

与"1059"相比，"东风二号"导弹主要作出了三个方面的改进：一是加大了发动机的推力，由于弹体直径没有改变，因此增加了弹体的长度，从而扩增推进剂贮箱的容量；二是减轻了弹体重量，将液氧贮箱改为单层薄壁结构，尾段的钢结构改为铝合金结构并采用小三角尾翼；三是提高了控制系统的精度。1962 年 3 月 21 日，"东风二号"导弹进行首次飞行试验。然而，点火起飞后仅几秒，弹体就出现较大的摆动和滚动，紧接着发动机舱起火，火苗从尾舱蹿出，随后发动机熄火。69 秒后，导弹坠毁在距离发射台不到 1000 米处，地面被炸出一个深 4 米、直径 22 米的大坑。

国防部第五研究院迅速启动了故障分析与复现工作，抽丝剥茧，层层分解，经过一个多月的艰苦鏖战，终于找到了导致失败的两个主要原因：一是在总体设计时，把导弹当成了刚体，没有考虑到细长弹体在飞行中的弹性振动，弹性振动与导弹姿态的控制系统的校正网络发生了频率耦合，这导致导弹的弹性振动进一步加剧从而使得飞行失控；二是发动机和弹体结构强度存在薄弱环节，这导致飞行中发动机和弹体结构破坏而起火。这次失利使中国的导弹科技人员认识到，仅有仿制的经验是不够的，仿制可以"知其然"，但为了"知其所以然"，不进行艰苦的理论学习、不经过大量的实践探索是不行的。

1964 年，"东风二号"导弹再次运抵酒泉基地。6 月 29 日，我国自行设计的中近程导弹——"东风二号"导弹再次发射试验获得了成功；7 月，又进行了两次发射试验，均获得了成功。中国终于依靠自己的力量，实现了导弹研制和生产关键技术的突破。

三、"两弹一星"

1964 年 10 月 16 日，我国原子弹爆炸试验成功后，"两弹结合"势在必行。1964 年 9 月 1 日我国原子弹试验前夕，周恩来主持召开中央专委会议，决定成立由钱学森领导的"两弹结合"方案论证小组。实战性核弹头与运载工具导弹的研制工作同时争分夺秒地展开。1965 年春天，两弹结合试验方案论证小组成立。最初的设想是对"东风二号"导弹进行改型设计，通过增加推进剂将射程提高到1200 千米，同时纵向控制采用双补偿方案来提高精度。改型的导弹被命名为"东风二号甲"，林爽、屠守锷任总设计师和副总设计师。由于有"东风二号"导弹成功的研究基础，"东风二号甲"在当年11 月 13 日就试射成功；1966 年 10 月 27 日，"东风二号甲"与原子弹结合试验准确命中目标。从此，中国拥有了自己的核导弹。

继"东风二号"导弹之后，我国开始了"东风三号"导弹的研制，林爽、屠守锷任正副总设计师。"东风三号"导弹的动力系统为4 单机并联，推进剂改用可贮存的红烟硝酸与偏二甲肼，控制系统采用捷联式补偿制导，弹体最大直径增至 2.25 米，射程在 2000 千米以上。

1966 年 12 月 26 日，"东风三号"导弹首飞试验，导弹在空中飞行 111 秒后，发动机组 II 分机发生故障，推力突然下降。1967 年 1 月12 日，"东风三号"导弹再次试验。当导弹飞行到 129 秒时，发动机组 II 分机推力开始大幅下降，两次试验均不理想。为彻底解决发动机问题，科研人员在茫茫沙漠中历经了 5 天的艰苦搜寻，终于找到了发动机残骸。随后，他们对残骸进行了分析，并确认发动机推力下降是由推力室内壁撕裂引起的，内壁撕裂又是集合器部位的钎焊缝发生了热应力腐蚀所致的。经过改进后，1968 年 12 月 18 日，"东风三号"导弹从华北导弹试验基地（现太原卫星发射中心）发射，成功完成了全程飞行试验，射程超过 2500 千米。1969 年 1 月 4 日，飞行试验再次获得了成功。"东风三号"导弹的成功研制是中国弹道导弹发展史上一个重要的里程碑，是中国液体弹道导弹走向成熟的重要标志。

1965 年 7 月，中国科学院提出了《关于发展我国人造卫星工作的规划方案建议》。1967 年 12 月，中国第一颗人造地球卫星被名为"东方红一号"，采用了基于"东风四号"导弹改制而来的"长征一号"火箭（两级液体 + 新研 Ⅲ 级固体发动机）发射入轨。1970 年 1 月 30 日，飞行试验成功，为发射"东方红一号"卫星奠定了基础。1970 年 4 月 24 日，"东方红一号"卫星成功入轨，"长征一号"火箭的研制成功及"东方红一号"卫星的入轨标志着我国从此进入了空间时代。

十大经典人物之九：屠守锷

屠守锷是浙江湖州人，是中国共产党党员、中国科学院院士、火箭总体设计专家。1940 年，屠守锷毕业于清华大学航空系，1941 年赴美国麻省理工学院航空工程系留学，获得硕士学位。1945 年回国后，他历任西南联合大学和清华大学副教授、教授，国防部第五研究院研究室主任、总体设计部主任，七机部第一研究院副院长、总工程师、科技委主任，航天工业部科技委副主任，航空航天工业部一院技术总顾问和航空航天部高级技术顾问。他领导和参加了我国地空导弹初期的仿制与研制工作，先后担任我国自行研制的液体弹道式地地中近程导弹、中程导弹的副总设计师，洲际导弹和长征二号运载火箭的总设计师，带领科技人员突破了一系列技术关键，并解决了许多技术难题。参与研制洲际液体弹道地地导弹的研制试验保证了我国向太平洋预定海域发射洲际导弹任务的圆满完成。他作为研制"长征二号E"大型捆绑式运载火箭的技术总顾问，参与并领导了研制试验工作，确保了发射的成功，为中国航天事业的发展作出了重要贡献。1980年，他荣获七机部劳动模范称号；1984年，荣获航天部一等功，获得了航天部劳动模范称号；1985年，荣获国家科学技术进步奖特等奖；1986年，当选为国际宇航科学院院士；1991年，当选为中国科学院学部委员（院士）；1994年，荣获求是科技基金会杰出科学家奖；1999年，荣获中共中央、国务院和中央军委颁发的"两弹一星功勋奖章"。

四、大国重器

1980年2月，中央专委批准了国防科委提出的远程运载火箭全程飞行试验实施方案。4月，中国远洋测量船特混编队奔赴太平洋的目标区。5月18日，远程运载火箭在酒泉导弹试验基地发射，导弹飞越银川、太原、石家庄、济南等城市上空后进入西太平洋。半个小时后，弹头溅落在9000千米外的预定海域，数据舱落点误差仅250米，中国远程运载火箭首次全程飞行试验取得了圆满成功。这标志着中国战略武器达到了新的水平，走完了研制、试验全过程，对于加强国防力量具有十分重要的战略意义。

我国第一型潜艇发射战略核导弹"巨浪一号"是固体燃料导弹。要研制固体燃料导弹，首先需要攻克固体发动机。实际上，固体发动机的研制从 1958 年就开始了。1966 年 12 月，大型固体燃料发动机全程试车取得了成功。1970 年，黄纬禄出任固体燃料火箭总体设计部主任。水下发射固体燃料导弹与陆上发射液体燃料导弹不同，需要解决弹体的水密性、气密性、耐高压与抗弯曲等特殊问题，两级之间不宜采用点式连接分离方式，需要采用全新的整体连接线切割分离方式。1977 年，固体燃料发动机、制导系统等关键技术取得了突破。1982 年 10 月 7 日，"巨浪一号"首次进行了水下发射试验。导弹出水、空中点火后不久，就开始失控翻转，随即在空中自毁。当天晚上，黄纬禄就带领技术人员夜以继日地查找失利原因，终于查出问题出在第一级发动机保险机构的保险栓上。保险栓在一二级尚未分离时提前脱开，导致失利。10 月 12 日，"巨浪一号"第二次水下发射试验取得了圆满成功。

潜地导弹研制、试验的成功标志着中国战略核导弹从液体发展到了固体，从陆上发展到了水下，从固定阵地发展到了机动发射，中国成为世界上第五个拥有潜艇水下发射导弹能力的国家。

十大经典人物之十：黄纬禄

黄纬禄是安徽芜湖人，是中国共产党党员、中国科学院院士、火箭与导弹控制技术专家、自动控制专家。1940 年，他毕业于中央大学电机系，1947 年毕业于英国伦敦大学帝国学院，并获得了硕士学位。回国后，他在重工业部电信局上海电工研究所、通信兵部电子科学研究院担任研究员。1957 年，他转入国防部第五研究院二分院，先后担任研究室主任、总工程师、高级技术顾问。他当选为中国共产党第十三次全国代表大会代表，全国人民代表大会第六届、第七届代表。他是中国航天科技集团和中国航天科工集团的高级技术顾问，长期从事火箭与导弹控制技术理论与工程实践研究工作，成功领导了中国第一发固体潜地战略核导弹的研制，使中国成为继美国、英国、苏联、法国后第五个能从潜艇发射弹道式导弹的国家。他开创了中国固体战略核导弹先河，奠定了中国火箭与导弹技术发展的基础。他提出了"一弹两用"设想，将潜地导弹搬上岸，成功研制出陆基机动固体战略核导弹武器系统。这两个型号的成功研制填补了中国导弹与航天技术的空白。1978 年，他荣获全国科学大会奖；1985 年，荣获国家科学技术进步奖特等奖；同年，荣获全国优秀科技工作者、全国五一劳动奖章；1986 年，当选为国际宇航科学院院士；1989 年，荣获全国先进工作者；1991 年，当选为中国科学院学部委员（院士）；1994 年，荣获求是科技基金会杰出科学家奖；1999 年，荣获中共中央、国务院和中央军委颁发的"两弹一星功勋奖章"；2012 年，被中组部追授为全国创先争优优秀共产党员。

第六章

导弹的进化

当某件事足够重要，你就要去做，即使胜算不大。

——埃隆·马斯克

到现在为止，读者已经基本了解到现有弹道导弹的发展过程，我们对其中具有典型意义的代表作了比较详细的介绍。面临反导系统的威胁，导弹武器将如何发展，怎样应对呢？

一、飞翔的原理

1933 年，奥地利科学家欧根·桑格尔（Eugen Sänger）与他的数学家妻子艾琳·布雷特（Irene Bredt）提出了航天发展史上著名的"银鸟"飞机（图 6-1）的概念[7]。这种飞机采用跳跃式再入飞行轨迹的飞行方式，来完成飞越半个地球的飞行任务。

图 6-1 "银鸟"飞机示意图

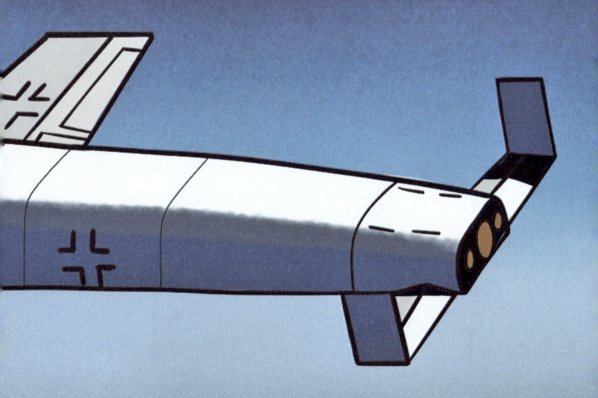

1948 年，钱学森在美国加州理工学院喷气推进实验室中设计了一种高超声速火箭飞机。该方案采用的是助推滑翔弹道[8]，也称为"钱学森弹道"，飞行器能够以超过 5 倍声速的速度在大气层边缘采用"助推-滑翔式弹道"，实现打水漂一般滑翔飞行，到达预定载入点后再进入大气层。

虽然桑格尔与布雷特的"银鸟"飞机与钱学森的火箭飞机都采用了助推-滑翔轨迹，但两者的设计轨迹却不完全相同，不同点主要集中在再入滑翔段，如图 6-2 所示。桑格尔与布雷特的"银鸟"飞机采用了一种具有一定跳跃、波动幅度的滑翔轨迹，称为再入跳跃滑翔弹道；钱学森的火箭飞机采用了几乎没有波动的平坦滑翔下降轨迹，称为再入平坦滑翔弹道。这种既能实现 5 倍声速以上的滑翔飞行能力，又有着像打水漂一样无法预测的多变弹道，现有的反导系统无法对其实施有效拦截。钱学森的火箭飞机可以说是助推滑翔飞行器的鼻祖。

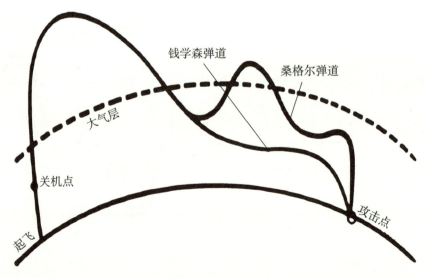

图 6-2　桑格尔弹道与钱学森弹道示意图

导弹防御系统的原理是可探测、可预报、可拦截的，那么，只要导弹使得防御系统三个环节中的一个环节失效，就可以导致防御系统失效。这种无法预测的滑翔式导弹无疑是一种有效的方式。

二、能滑翔的导弹

在随后的半个多世纪里，基于钱学森弹道理念设计的导弹在气动、防热、控制、制导、通信等诸多关键技术领域不断取得突破，最终出现了一种能滑翔的导弹——高超声速助推滑翔导弹。这种导弹的特点是在助推段利用运载火箭加速爬升，在滑翔段利用导弹的气动外形实现远距离的滑翔飞行。它实际上是一种新型的组合导弹，将导弹射程远、飞行速度快的优点与巡航导弹大升阻比、高机动性的优点结合到了一起，从而能有效突破导弹防御系统的拦截，完成对远距离目标的精确打击。与传统的导弹相比，这种能滑翔的导弹具有飞行速度快、突防能力强、机动范围大等优点。

进入 21 世纪后，世界政治格局发生了变化，美、俄等军事强国对军队作战使命及任务优先级的定位发生了新的变化，对发展新型武器装备的迫切性和必要性有了更为明确的认识，于是纷纷启动了新一轮助推滑翔技术的研究热潮。近年来，美、俄两国在助推滑翔技术领域举动频频，相继推出了高超声速技术飞行器（hypersonic technology vehicle 2，HTV-2）、"先锋"（Avangard）等多个高超声速助推滑翔导弹。高超声速助推滑翔导弹已经走出概念探索、技术研发阶段，正式步入武器化装备阶段。

HTV-2 是美军发展常规快速打击能力、突破高超声速助推滑翔飞行器关键技术的重要技术验证项目，其目标是发展一种火箭助

推的、能以速度马赫数为 20 以上的再入大气层并进行高超声速滑翔机动飞行的飞行器。HTV-2 的机身长 3～3.5 米，升阻比可能为 3.5～4。图 6-3 为其外形示意图。HTV-2 设计的射程为 16 678.8 千米，横向机动距离为 5559.6 千米，有效载荷能力为 454 千克，总重为 908 千克。HTV-2 分别在 2010 年和 2011 年开展了两次飞行试验。美国通过 HTV-2 的技术探索积累了丰富经验，为其后续的先进高超声速武器（advanced hypersonic weapon，AHW）、战术助推滑翔武器（tactical boost glide，TBG）的研究奠定了基础，加速推进了美国海、陆、空三军高超声速助推滑翔导弹的发展。

目前，美国空军正在研制一型战术级空射型高超声速助推滑翔导弹——空射快速响应武器（air-launched rapid response weapon，ARRW），其武器代号为 AGM-183A。AGM-183A 导弹整弹长 5.9 米，直径为 0.658 米，重为 2.3 吨。AGM-183A 导弹的射程超 926 千米，速度马赫数约为 10。未来，B-52 轰炸机将成为 AGM-183A 的主要发射平台，其两个机翼下各携带两枚 AGM-183A 导弹，预计

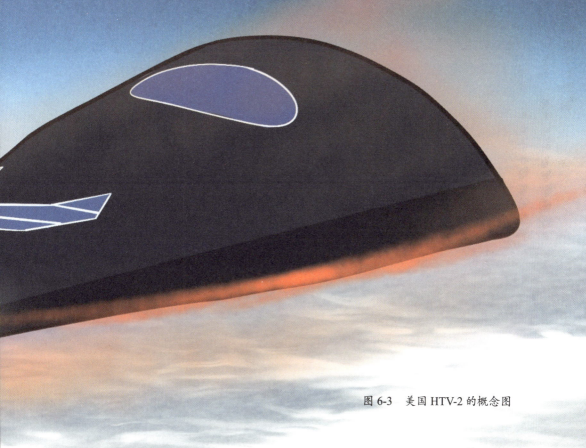

图 6-3　美国 HTV-2 的概念图

共挂载 4 枚导弹。从 2021 年 4 月至 2024 年 3 月，AGM-183A 导弹共计完成了 10 次飞行试验，为美国高超声速助推滑翔导弹的发展积累了大量的技术经验。

俄罗斯从 20 世纪 80 年代就开始研究滑翔导弹技术，"先锋"高超声速导弹是俄罗斯高超声速助推滑翔导弹的典型代表。"先锋"高超声速助推滑翔导弹（图 6-4）是俄罗斯新型战略核导弹，由高超声速滑翔弹头和两级液体助推器组成。弹头最大飞行速度马赫数超过 20，可以承受 2000℃的高温，具备滑翔机动的能力，射程达到洲际范围。"先锋"的弹道难以预测，可突破目前世界上所有防空及

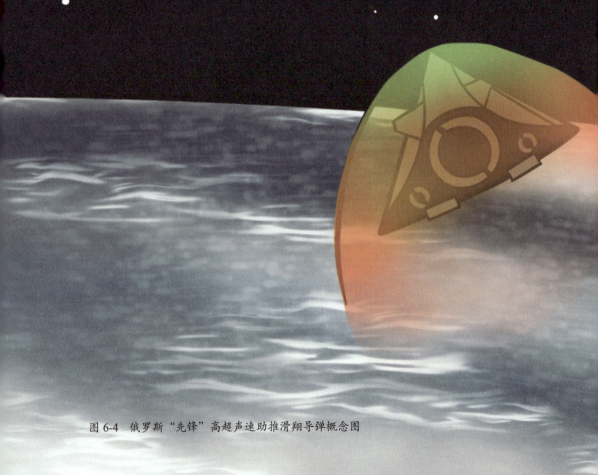

图 6-4　俄罗斯"先锋"高超声速助推滑翔导弹概念图

反导系统，具备全球快速精确打击能力。2019 年 12 月 27 日，俄罗斯国防部部长宣布"先锋"高超声速导弹于当天装备部队，开始执行战斗值班任务。这使俄罗斯成为世界上首个部署高超声速武器的国家。

高超声速助推滑翔导弹以不同于传统弹道的轨迹飞行，具有弹道不可预测、机动能力强、突防能力强的优点，不易被导弹防御系统拦截，具备较强的生存能力和突防能力，已成为世界高新技术领域新的制高点，被视为"战争游戏规则的改变者"，将颠覆当前基于导弹攻防对抗的战略平衡，促成新的战略均衡态势。

十大启示之九：超前探索，未雨绸缪

　　超前探索发展先进技术，是谋求对抗优势、抢占博弈先机至关重要的手段。早在 20 世纪 60 年代，军事发达国家就已经开展了多头分导、可机动弹头、助推滑翔再入飞行器、机动弹道式再入飞行器等技术研究。除分导技术已经得到应用外，其他技术都具有了相当的技术储备。当今各类新型概念导弹武器的迅速涌现不是一天建立起来的，而是经历了长时间的研发与积累。

三、强突防的导弹

　　随着导弹防御技术迅猛发展，针对弹道导弹的预警探测能力和拦截能力日益提高。例如，美国导弹防御局（Missile Defense Agency，MDA）于 2019 年 10 月 29 日开始布局研制高超声速和弹道跟踪空间传感器（hypersonic and ballistic tracking space sensor，HBTSS），预计完整的 HBTSS 卫星群将在 2026 年底前部署完毕，可以实现弹道导弹从发射到飞行全程的跟踪探测能力——包括探测、跟踪和识别目标。这将使导弹防御系统能够在威胁目标实施灌顶打击之前拦截弹道导弹。因此，为了应对日趋完善的弹道导弹防御系统，发展具有强劲的突防性能的导弹成为世界各个军事大国的重要任务。

　　"民兵 3"导弹（图 6-5）是美国目前服役的唯一陆基战略核导弹。美国不断实施"民兵 3"导弹的现代化改进计划，旨在提高导弹的突防效能。经过推进、制导、末段助推和再入等改进，改进型"民兵 3"导弹的突防性能得到了全面提升。除了壳体以外，"民兵 3"导弹几乎成为全新型号的导弹。

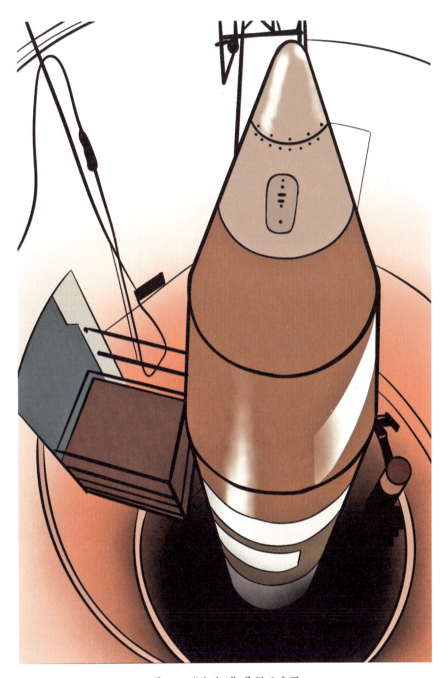

图 6-5　"民兵 3"导弹示意图

　　俄罗斯为保持与美国的战略平衡，大力发展亚尔斯（RS-24）导弹、"边界"导弹等新型陆基战略武器，重点提升导弹的突防能力。其中，"边界"导弹是俄罗斯最新在研的三级陆基固体洲际弹道导弹，由莫斯科热力工程技术研究所研制。"边界"导弹于 2008 年开始研制，2011 年进行首次飞行试验。"边界"导弹基于 RS-24 弹道导弹改进而来，通过改进三级发动机提升导弹投掷质量，投掷能力由 1.2 吨提高到约 1.5 吨，可投送 5～6 枚可控机动弹头；主动段采取速燃助推，三级关机后多枚弹头进行快速秒级释放分离，分导时间由 500 秒左右减少到几秒，同时单枚弹头相比分导级的目标特性降低约两个数量级，大幅增强弹头分导段突防能力，避免防御系统拦截；采用可控机动多弹头，可利用外部预警探测信息进行自主机动突防，并综合运用多种先进突防技术，提高信息化水平，使得整体突防能力大幅提升。

　　俄罗斯陆基战略核导弹处于加速更新换代的阶段。当前的主力型号是"白杨 M"洲际弹道导弹（图 6-6）和 RS-24 弹道导弹。"白杨 M"洲际弹道导弹由莫斯科热力工程技术研究所于 1993 年开始研制，于 1997 年完成试验并开始部署地下井型，于 2006 年开始部署机动型，是国外陆基战略核导弹中工程研制周期最短的型号之一。"白杨 M"洲际弹道导弹为三级固体弹道导弹，最大射程 12 000 千米，命中精度优于 350 米，可携带单个弹头。该弹采用大量先进技术，其高能量的固体发动机推力大，并具有快速助推或助推段机动能力；导弹头部具有机动再入能力或特殊飞行弹道，突防能力强；弹头抗核加固，反拦截性能显著增强，抗核爆失效距离达到 0.5 千米；投掷质量较大，为采取其他突防措施创造了条件。

图 6-6 "白杨 M" 洲际弹道导弹示意图

　　"萨尔马特"洲际弹道导弹（图6-7）是俄罗斯最新研发的新型液体洲际弹道导弹，未来将替代 SS-18 导弹。该导弹可携带 10 个重型或者 15 个中型分导式核弹头，射程大于 10 000 千米，采用"一体两型"的设计思路，可针对西欧和美国提出不同的设计方案。其中，针对美国的方案，导弹起飞重量 150～200 吨，射程 16 000 千米，投掷重量达 8 吨，略高于 SS-18 导弹；针对

图 6-7　"萨尔马特"洲际弹道导弹

西欧的方案，导弹射程 11 000 千米，起飞重量 100～120 吨，投掷重量 5 吨。这两种方案都采用了分导式核弹头。目前，"萨尔马特"洲际弹道导弹正在严格按照既定计划进行，已经完成首次弹射试验。"萨尔马特"洲际弹道导弹是当前体积最大、重量最大、威力最大的洲际弹道导弹。

　　M51 弹道导弹（图 6-8）是法国最新一代潜射弹道导弹，包括 M51.1 和 M51.2 两个型号。初始型号 M51.1 弹道导弹可携带 4～6 枚 TNT 当量为 15 万吨的 TN-75 弹头和突防装置。TN-75 弹头主要是为适应 M45 的再入剖面而设计的，无法充分发挥 M51 弹道导弹的性能。M51.2 弹道导弹计划携带 6～10 枚 TNO 新型弹头，弹头的隐身性能和突防能力均得到了提升，2020 年已经部署在法国 4 艘弹道导弹核潜艇上。

图 6-8　M51 弹道导弹示意图

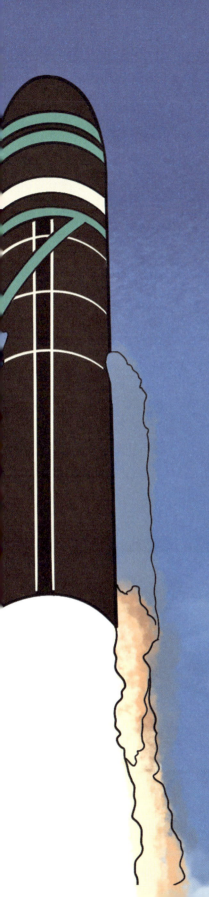

四、机非机、弹非弹

　　未来的导弹武器不再依赖单一的惯性弹道，而将是多种飞行模式的有机组合。这既需要有导弹的特征，又需要有飞机的特征；既可以在大气层外飞行，也可以在大气层内飞行。飞行和机动方式的灵活多变对导弹气动外形和发动机的设计提出了新的要求。

　　传统导弹的外形主要面向飞行环境（在大气层外做惯性飞行或抛物线运动、巡航飞行）进行设计，同时兼顾发射和末端打击等重要飞行过程。因此，执行不同任务、拥有不同射程的导弹的外形其实存在很大差别。例如，"战斧"巡航导

弹与以 HTV-2 和 X51-A 为代表的高超声速飞行器，在外形布局上就有明显的差异。随着未来导弹面临的飞行包线不断扩大，固定外形导弹已难以满足飞行包线的气动性能需求。为了实现未来导弹能够更好地适应未来战争，导弹在执行不同飞行任务时具有不同的气动外形，并在飞行的各个阶段，通过调整气动外形，使其始终保持优良的气动和飞行性能。

美国的洛克希德·马丁公司设计了一款 Z 型翼无人飞行器（图 6-9），目的是通过大幅度改变飞行器的外形实

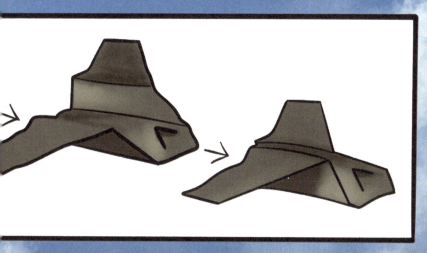

图 6-9　Z 型翼无人飞行器与其作战形式示意图

现飞行器执行多种任务的能力。这款 Z 型翼无人飞行器通过变形，将长时间巡航与快速下压打击原本两种迥异的作战剖面在单一作战平台上进行统一，提高了飞行器的作战效率。机翼完全舒展的状态为巡航构型，具备高气动效率；机翼完全折叠的状态为下压状态，可以实现打击能力。

除了外形变化之外，未来的导弹在动力方面也可能发生改变。超燃冲压发动机、组合动力发动机等一系列新型动力技术的突破性进展，将极大地改善现有导弹的飞行性能和作战能力，从而实现导弹大空域、宽速域飞行，有效提升导弹的射程、投掷能力、机动能力、突防能力等综合性能。空气涡轮冲压（air turbo ramjet，ATR）发动机、火箭基组合循环（rocket-based combined cycle，RBCC）发动机和涡轮基组合循环（turbo-based combined cycle，TBCC）发动机等组合动力由于具备两种不同的工作模式，与单一类型的动力相比，这类新型动力可以发挥不同类型的动力在各自工作范围内的技术优势，具备工作范围宽、平均比冲高、使用灵活等特点。在不同飞行阶段，组合动力采取最高效的动力推进方式，最大限度地发挥不同动力的优点，从而大大拓展导弹的高度-速度包线。

五、多互联的导弹

未来战争将是体系与体系的对抗，信息战和电子战将贯穿战争始终。在这种情况下，单枚导弹能够发挥的作用和实现的功能十分有限，多枚导弹间的互联协同将变得越来越重要。通过合理有效的协同策略，可以提高导弹群体的突防能力，在战场应用中具有独特优势。

　　不同于普通飞行器，导弹具有运动速度快、机动性强、飞行环境复杂及对抗程度高等特点，导弹之间的互联对通信性能提出了更高的要求，不仅需要更好的动态组网能力，还需要具有较强的抗毁性和抗扰性。此外，在复杂的战场中作战时，导弹之间的互联关系无法预先规划，网络拓扑存在高机动性，这就要求导弹之间的数据链需要建立具有多跳性、抗毁性、自恢复等特点的无中心动态自组织网络。但是，导弹的作战任务、运动方式及作战环境是非常严苛的，因此在实际应用中对于导弹间的数据链有着较高的要求。

　　美国军用数据链技术一直走在世界前列，从最初用于执行特殊作战任务的专用链路，到现在成为传送实时关键作战数据的主要数据交换系统之一，数据链的发展已经历了半个多世纪。美国 Link 系列数据链主要经历了 Link-4、Link-11、Link-16 及最新研制的 Link-22。

　　其中，Link-22 数据链主要在高频频段或者特高频频段工作，通过中继技术可以提供超视距通信，同时采用保密技术及跳频工作方式来提高数据链的抗干扰能力。Link-22 数据链可以支持最多 40 个网络，且每个网络最多能包含 125 个网络单元。可以说，Link-22 数据链组成的是一个超级网络。Link-22 数据链采用无中心节点的自组织网络，可以采用时分多址或动态时分多址信道接入协议，克服了以往数据链网络固定不灵活、时隙资源利用率低的缺陷。

　　除了美国，欧洲国家也开展了数据链的建设。例如，法国军方研制了"W"链，意大利研制了"ES"链，它们的基本性能和功能类似，仅在传输帧格式上有所不同。此外，以色列自行开发了 ACR-740 数据链，还增加了一种载波监听多路访问（carrier sense multiple access，CSMA）方式。俄罗斯也在各个时期发展了自己的数据链系统和装备。

虽然世界各国都已相继开展了导弹武器协同互联的相关研究，但现阶段仍有许多相关问题需要研究和解决，主要有以下几点。

（1）更高的互联时效性。弹间数据链因其特殊的作战任务，对网络的时效性提出了更高的要求。导弹协同作战的一种典型形式是多弹齐射。该形式作为一项时间关键任务，为了保证多枚导弹攻击时间的一致性，必然对网络通信时延的要求更高。此外，在协同打击时敏目标时，机会稍纵即逝，导弹节点必须通过高时效性的网络进行快速的信息交换，才能有效保证打击精度和突防能力。

（2）更快的入／退网速度。导弹在编队飞行过程中，势必需要根据作战需求不断地调整队形，节点会随机加入或退出网络。特殊的应用场景和节点超高的运动速度将使得协同制导数据链网络拓扑变化更加迅速。如果节点未能快速及时入网，即当网络协议算法达到收敛状态时，网络的拓扑结构再次改变，网络协议跟不上拓扑变化，网络则一直无法进入收敛状态。机载数据链中飞机的运动特性一般远小于导弹。

（3）更强的环境对抗性。相比于机间数据链节点，导弹作战环境的对抗性更强，飞行条件更复杂。这不仅要求导弹自身具有较强的抗干扰能力，导弹装载的数据链通信系统也必须有足够的抗干扰性。为了保证协同制导过程中信息的可靠传输，数据链系统需要对抗敌方的无意干扰和有意干扰。

六、智能化导弹

未来作战面临着高度对抗、有限信息支援、全气象条件、多任务需求等挑战，战场的不确定性大幅增加，这需要导弹具有较高的智能化水平，以适应战场的快速变化。智能化导弹需要主动将实时探测的战场信息进行融合汇聚，根据战场态势实时修改飞行路线、突防策略并选择打击目标，其具备的能力包括导引头智能目标识别、自主路线规划和规避、战场环境智能感知与对抗、打击策略自主生成等。与传统导弹相比，智能化导弹的优势是可以根据战场实际情况随机应变，实时"感知"、快速"思维"、理性"决断"，并及时准确地采取相应行动。

近年来，随着人工智能技术的快速发展，导弹的智能化程度也得到了很大提升。虽然目前尚未出现全智能化的导弹武器，但部分导弹已经具备了局部智能化的特点。局部智能化使导弹在特定方面具备领先传统导弹的功能，但距离完全智能化仍有差距。当前已公布的智能化导弹有美国的远程反舰导弹（long range anti-ship missile，LRASM）（图6-10）和挪威的海军反舰导弹（naval strike missile，NSM）。

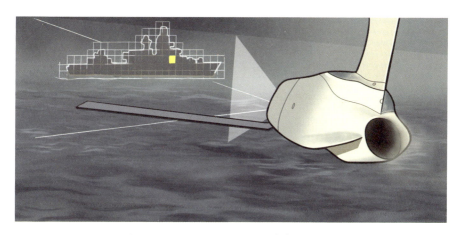

图6-10　LRASM识别目标要害部位示意图

LRASM 是由美国国防高级研究计划局（Defense Advanced Research Projects Agency，DARPA）和洛克希德·马丁公司联合开发的，其中的亚音速方案 LRASM-A 在"贾斯姆"-增程型导弹（JASSM-ER）的基础上研发而来，射程达到 1100 千米以上。空射版 LRASM 已经于 2018 年首先列装于美国空军第 28 轰炸机联队。LRASM 具备自主威胁感知、目标识别、目标要害识别与锁定、目标价值等级划分、在线轨迹规划及多弹协同攻击等能力。这些能力大幅提升了导弹的作战效能，实现了"利用目标自身的行为来攻击其自身"的战术目的。这种新型的作战方式允许发射平台在未获取足够精确的目标信息时即可发射导弹。在导航系统方面，LRASM 是以美军使用的机载电子支援措施（electronic support measures，ESM）为基础的，具备当目标船只开启威胁预警系统时使用弹载被动传感器定位敌方目标雷达信号的能力。与此同时，导弹本身带有的人工智能算法会对接收到的相关数据进行分类以确定目标的类型（如区别目标是一艘巡洋舰还是商用货船），并确定该型舰船最为薄弱的位置。随着 LRASM 的服役，有望解决许多长距离攻击中不确定因素带来的问题，且其弹载系统提供的智能自主决策能力允许其在复杂的对抗环境中保持稳定工作。LRASM 所具有的智能化水平在以往的对陆打击或反舰武器中是绝无仅有的。

NSM 号称"全球唯一第五代反舰导弹"，由美国雷神公司与挪威康斯伯格海事公司联合研发。2018 年 6 月，美军宣布其 LCS 濒海舰和 FFGX 新型护卫舰将使用 NSM。NSM 可根据战术要求，在几秒钟内自动生成飞行路线；弹上的制导系统安装有目标识别软件，能自动选择目标最薄弱或者目标最关键的部位进行攻击。

美军推出的"第三次抵消战略"认为，以智能化军队、自主化装备和无人化战争为标志的军事变革风暴正在来临，美国将通过发展智能化作战平台、信息系统和决策支持系统大力推进航天装备的智能化发展。美军预计到 2035 年前初步建成智能化作战体系，对主要对手形成新的军事"代差"。到 2050 年前，智能化作战体系将发展到高级阶段，作战平台、信息系统、指挥控制全面实现智能化甚至无人化，实现真正的"机器人战争"。未来，智能化导弹将成为军事大国争先发展的主要装备。在新兴技术的驱动下，导弹将变得越来越"聪明"，会逐步从固化地执行人为指令向智能感知、自主决策的方向发展，实现导弹武器的智能化跨域。

七、体系战的导弹

现代战争不再是特定部队、武器、军种之间的竞争，而是众多敌对军事力量之间的协同竞争，这种作战模式被称为体系对抗。体系对抗不仅发生在陆地、海洋和空中等传统领域，而且也发生在太空、网络甚至心理等领域，体系对抗要求在所有领域的战场上取得全面优势。在发生体系对抗的各个战场上，作战形式和作战方法也同样发生了变化。2017 年 8 月，美国国防高级研究计划局公布了马赛克战的概念，旨在发展动态、协同、高度自主的作战体系，逐步并彻底变革整个装备体系和作战模式。

对于导弹而言，随着战争形态向智能化演进、作战空间向全维化发展，导弹作战体系对抗的特点愈发凸显，参战要素灵活多变，作战环境日趋复杂，从而导致指挥决策、力量运用存在多种不确定性。在新的作战环境下，导弹面临的威胁更加复杂，执行的作战任务更加多样化。这要求导弹武器系统具备灵活自主的作战能力，支撑实现一体化联合作战、分布式智能作战、体系化协同作战。

在导弹的体系化作战中，不同的导弹之间通过协同作战实现单个导弹所不具备的能力，从而达到"1+1＞2"的效果。以美国导弹防御系统为例，一次作战将涉及高低轨卫星、远程预警雷达、指控雷达、拦截弹等多种装备和指控系统。例如，为了增强导弹武器的体系作战能力，美国海军发展了"海军一体化防空火控"（Naval Integrated Fire Control-Counter Air，NIFC-CA）系统。该协同交战防空体系旨在基于数据链技术，实现航母驱护编队、预警机、战斗机、电子战飞机等作战平台与导弹武器的交互协同。美军已将"标准6"拦截弹纳入NIFC-CA系统，使得该拦截弹可以利用E-2D预警机、F-35战斗机等舰外传感器平台提供的目标数据进行交战，在最后阶段再利用导弹主动雷达导引头完成攻击，如图6-11所示。2016年6月，美国海军利用F-35战斗机成功进行了"标准6"拦截弹在NIFC-CA系统中的能力验证试验，验证了"标准6"拦截弹的体系协同作战能力。

2018年4月，美国导弹防御局开展了THAAD与"爱国者"导弹防御系统的联合试验。在试验过程中，THAAD系统与"爱国者"系统之间通过战术数据链路交换信息。由此可见，未来不同的导弹武器将共享探测资源，实现多层、多次的体系拦截。

导弹体系作战将以信息和智能为纽带，将各级装备节点整合为一个以决策为核心的作战体系。该体系能够有效串联体系各级作战要素，促使各兵种作战力量、作战单元、作战要素能够整体联动、同频共振、有效聚合，从而实现作战能力倍增，提升导弹武器的体系作战能力。

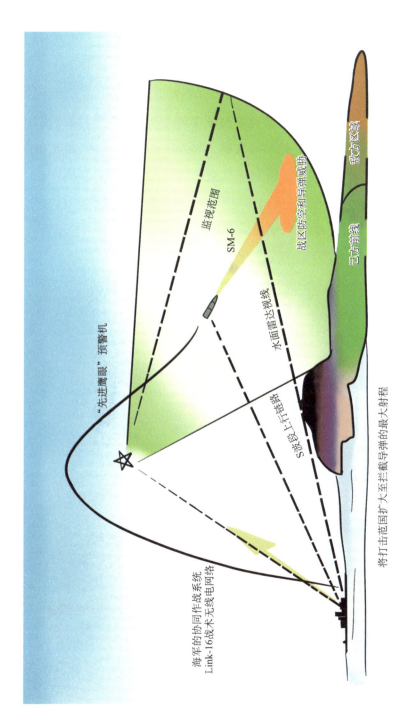

"先进鹰眼"预警机

海军的协同作战系统
Link-16战术无线电网络

监视范围

SM-6

战区防空和导弹威胁

群防区域

已防前线

水面雷达视线

S波段上行链路

将打击范围扩大至拦截导弹的最大射程

图 6-11 "标准 6" 拦截弹与 NIFC-CA 系统体系协同示意图

十大启示之十：发展慑战有效的战略核导弹仍然是维护国家安全的基石

导弹武器的攻防始终是矛与盾的关系，是此消彼长、螺旋式上升的过程。从历史来看，处于进攻一方的导弹武器往往占据着主导地位。国外理论计算表明，导弹武器突防的投入和防御的效费比为1∶100。因此，导弹武器的每一次变革都是反导系统难以承受的。在"非对称策略"下，战略核导弹慑战有效性仍然是维护国家安全的基石。

参 考 文 献

[1] 朱坤岭，汪维勋 . 导弹百科辞典 [M]. 北京：宇航出版社，2001：35.

[2] 王芳 . 苏联对纳粹德国火箭技术的争夺（1944—1945）[J]. 自然科学史研究，2013，
32（4）：523-537.

[3] 恩格斯 . 反杜林论 [M]. 北京：人民出版社，2018：182.

[4]《世界导弹大全》修订委员会 . 世界导弹大全（第三版）[M]. 北京：军事科学出版社，
2011：56.

[5] 徐品高 . 地空导弹与弹道导弹的技术融合正在促使这两类导弹产生突破性的发展 [J].
现代防御技术，2000，28（3）：1-12.

[6] 何建明，天泉 . 天歌（增补版）[M]. 北京：作家出版社，2012：6-34.

[7] Hallion R P. The Hypersonic Revolution: Case Studies in the History of Hypersonic
Technology. Volume I From Max Valier to Project PRIME (1924—1967)[M]. Bolling
AFB: Air Force History and Museums Program, 1998: XIII .

[8] 闵昌万，付秋军，焦子涵，等 . 史记·高超声速飞行 [M]. 北京：科学出版社，2019：3-4.